教育部一流专业建设工程资助项目
江苏高校品牌专业建设工程资助项目

基于 OBE 理念的大地测量学基础
课程建设与教学管理研究

董春来　焦明连　王继刚　著

中国矿业大学出版社

·徐州·

内 容 提 要

成果导向的教育模式(outcome-based education,OBE)是以预期学生的学习成果为中心来组织、实施和评价教育的一种教育理念,课程建设与教学管理是实现课程实施以学生为中心、成果导向的有力支撑。大地测量学基础作为测绘工程专业的主干核心课程,本书较系统地研究了基于OBE教育理念的大地测量学基础课程的指导理论、多媒体课件、试题库系统、实验模拟、实习分析、数据处理、网站平台及自主学习与管理系统等方面内容,对大地测量学基础课程建设与教学管理进行了较全面的分析与评价,设计开发了大地测量学基础课程的多元开放教学资源,有利于形成以学生为中心的教学模式,开展反向设计的课程教学,提高以学习成果为导向的课程教学效果,突出学生自学能力的培养,为相关核心课程建设与教学管理提供借鉴与参考。

图书在版编目(C I P)数据

基于OBE理念的大地测量学基础课程建设与教学管理研究 / 董春来,焦明连,王继刚著. —徐州 : 中国矿业大学出版社,2020.11

ISBN 978-7-5646-4595-3

Ⅰ.①基… Ⅱ.①董… ②焦… ③王… Ⅲ.①大地测量学－课程建设－高等学校②大地测量学－教学管理－高等学校 Ⅳ.①P22

中国版本图书馆CIP数据核字(2020)第228798号

书　　名	基于OBE理念的大地测量学基础课程建设与教学管理研究
著　　者	董春来　焦明连　王继刚
责任编辑	李　敬
出版发行	中国矿业大学出版社有限责任公司
	(江苏省徐州市解放南路　邮编221008)
营销热线	(0516)83884103　83885105
出版服务	(0516)83995789　83884920
网　　址	http://www.cumtp.com　**E-mail**:cumtpvip@cumtp.com
印　　刷	苏州市古得堡数码印刷有限公司
开　　本	787 mm×1092 mm　1/16　**印张** 15.5　**字数** 304千字
版次印次	2020年11月第1版　2020年11月第1次印刷
定　　价	58.00元

(图书出现印装质量问题,本社负责调换)

前　言

新时代全国高等学校本科教育工作会议精神为:坚持"以本为本",推进"四个回归",建设中国特色、世界水平的一流本科教育,造就堪当民族复兴大任的时代新人。要着力提升专业建设水平,推进课程内容更新,不断推动高等教育的思想创新、理念创新、方法技术创新和模式创新,持续推进现代信息技术与教育教学深度融合,大力推动互联网、大数据、人工智能、虚拟现实等现代技术在教学和管理中的应用,有序有效推进在线开放课程和虚拟仿真实验教学项目的建设、应用及管理,打造"金课",严把毕业出口关,课程教学目标的实现支撑着毕业要求的达成,课程建设与教学管理已成为新时代本科教育的焦点。

江苏海洋大学测绘工程专业跨入全国一流专业建设行列,必须扎实推进系列精品一流课程建设,依照《普通高等学校本科专业类教学质量国家标准》及有关行业标准,加快国家专业质量认证体系建设,形成专业质量认证的制度框架,全面倡导 OBE 成果导向教育理念,开展从"以教为中心"转向"以学为中心"的课程教学,做好课程教学的建设与管理,推动测绘工程人才培养持续改进,导航打造具有海洋测绘人才特色的应用型测绘工程专业人才培养新体系。

基于 OBE 理念的大地测量学基础课程建设与教学管理研究,使教学内容从"教什么"向"学什么"转变、教学方法从"怎么教"向"怎么学"转变、教学评价从"教得怎么样"向"学得怎么样"转变,建设多平台教学与管理资源,倡导学生自主学习、合作学习、探究学习,根据实际的课程教学目标进行专业知识的学习、应用和分析,在多平台教学资源中学生可以自由施展,进行自主学习、团队合作,通过课程设计与课程实习的实践锻炼,发现自己的不足,完善巩固自己的知识结构,在丰富的实践活动中学习和巩固新知识,提升综合知识应用能力,在做中学,发挥更多的主动性和创造性,成为真正的学习主体,提高学习的积极性,实现课程的教学目标,提高毕业要求的达成度。

全书共 9 章,包括绪论、课程建设教学指导、课程多媒体课件设计与开发、课程试题库系统建设与管理、课程实验模拟系统建设与管理、课程实习教学设计与评价、课程数据处理与管理系统设计与开发、课程学习网站设计与实现、课程自主学习管理系统设计与实现等。

在本书出版之际,感谢教育部一流专业建设工程、江苏高校品牌专业建设工程、江苏省研究生教育教学改革项目(JGLX19-154)的支持,感谢江苏海洋大学周立教授、蒋延臣教授、吴清海教授、谢宏全教授以及海洋技术与测绘学院师生等为本书提供资料和建议。本书内容是作者工作和经验的阶段性总结,相关理论和观点有待进一步深入探讨,加上作者水平有限,书中难免有不足之处,恳请同行专家及读者不吝赐教。

著 者

2020 年 8 月

目　　录

1 绪论 ……………………………………………………… 1
　1.1 OBE 理念的产生与发展 ………………………………… 1
　1.2 研究目的和意义 ………………………………………… 4
　1.3 引入 OBE 理念的可行性分析 ………………………… 5
　1.4 本章小结 ………………………………………………… 6

2 课程建设教学指导 ……………………………………… 7
　2.1 课程教学设计指导 ……………………………………… 7
　2.2 课程教学指导 …………………………………………… 9
　2.3 本章小结 ………………………………………………… 18

3 课程多媒体课件设计与开发 ………………………… 19
　3.1 课件总体设计 …………………………………………… 19
　3.2 主界面设计与开发 ……………………………………… 20
　3.3 子菜单设计与开发 ……………………………………… 28
　3.4 快捷菜单设计与开发 …………………………………… 38
　3.5 系统调试与编译 ………………………………………… 47
　3.6 本章小结 ………………………………………………… 48

4 课程试题库系统建设与管理 ………………………… 50
　4.1 系统总体设计 …………………………………………… 50
　4.2 系统开发与管理 ………………………………………… 53
　4.3 本章小结 ………………………………………………… 74

5 课程实验模拟系统建设与管理 ……………………… 75
　5.1 系统总体设计 …………………………………………… 75
　5.2 系统开发与管理 ………………………………………… 79

5.3 系统调试与编译 ·········· 111

5.4 本章小结 ·········· 112

6 课程实习教学设计与评价 ·········· 113

6.1 实习设计与分析 ·········· 113

6.2 实习效果评价 ·········· 138

6.3 本章小结 ·········· 150

7 课程数据处理与管理系统设计与开发 ·········· 152

7.1 系统总体设计 ·········· 152

7.2 数据库设计 ·········· 153

7.3 系统界面设计与管理 ·········· 156

7.4 数据处理与管理系统设计与开发 ·········· 160

7.5 系统窗口与帮助 ·········· 180

7.6 系统调试与编译 ·········· 183

7.7 本章小结 ·········· 183

8 课程学习网站设计与实现 ·········· 185

8.1 网站总体规划 ·········· 185

8.2 网站开发的技术基础 ·········· 186

8.3 Access 数据库 ·········· 192

8.4 网站设计与实现 ·········· 195

8.5 网站主要功能设计与实现 ·········· 205

8.6 本章小结 ·········· 218

9 课程自主学习管理系统设计与实现 ·········· 219

9.1 系统总体设计 ·········· 219

9.2 数据库构建 ·········· 221

9.3 系统界面应用设计 ·········· 223

9.4 功能设计与实现 ·········· 228

9.5 系统调试与编译 ·········· 236

9.6 本章小结 ·········· 238

参考文献 ·········· 239

1　绪　　论

1.1　OBE 理念的产生与发展

1.1.1　OBE 教育理念

OBE(outcome-based education)即成果导向教育,最早出现于 20 世纪 80 年代的美国,是在应对经济危机、反思教育实用性及教育成果重要性的背景下提出来的,主要服务于美国的基础教育改革。除此之外,泰勒的目标模式、布鲁姆的掌握学习理论、标准参照测验理论等都为 OBE 的出现奠定了理论基础。之后 OBE 开始在世界范围内广泛传播,先后到达了澳大利亚、日本、英国、马来西亚等多个国家和地区。国内外 OBE 的研究主要集中在其产生、发展及具体应用等方面。

1.1.1.1　OBE 教育理念的提出

1981 年,美国学者 Spady 在 *Outcome-Based Instructional Management：A Sociological Perspective* 一文中率先提出 OBE 这一概念,后在其 1994 年发表的文章 *Outcome-Based Education：Critical Issues And Answers* 中对 OBE 做出了系统的论述。澳大利亚教育部门将 OBE 定义为:"帮助学生经由学习实现特定产出的教育教学过程"。Tucker 认为 OBE 和 OFE(outcomes-focused education)是同义词,其目的都是使学习产出在整个课程活动和学业评价系统中发挥作用。2003 年,Acharya 系统指出 OBE 这一概念的 4 个实施原则:清楚聚焦学习成果、扩大学生学习机会、提高教师期待、反向设计课程与教学。

1.1.1.2　OBE 教育理念的发展

2002 年,Harden 总结了 OBE 与传统教育相比的 12 条优势,并介绍了自 1981 年至 2002 年间 OBE 的详细发展历程。2011 年,Kennedy 以中国香港地区为研究对象,从政策、理论和实践三者之间的关系入手对 OBE 的实施效果进行了分析。2013 年,Butler 从理论基础的角度对 OBE 的发展历程进行了系统梳理,并论述了 OBE 在哲学意义上的可行性。第四次工业革命带来的大数据时代在世界范围内深刻改变着全社会的产业结构、生产方式,这一改变必然带来对高等工程教育改革创新的强烈需求。而 OBE 作为基于学习产出的教育模式,强调学生的个人进步和学业成就,以学生预期学习结果为依据反向设计人才培养体系,这一教育理念随着新技术革命的发展逐渐成为高等工程教育改革的主流。

1.1.1.3 OBE 教育理念的应用

在工程教育方面,1997 年美国工程技术评审委员会颁布并实施的 EC2000 工程认证标准将 OBE 运用其中,规定毕业生的预期学习成果。其后欧洲国家工程协会联合会、亚太工程师协调委员会、《华盛顿协议》等纷纷将学习产出作为一项重要的质量评价标准。国内对于 OBE 的研究起步较晚,尚未形成完善的理论体系,工科院校作为工程人才培养的中坚力量,培养的应用型工程人才是"中国制造 2025"战略中重要的人力资源,很大程度上决定着工业现代化进程的速度和规模。

2016 年 6 月,中国科学技术协会代表中国正式加入《华盛顿协议》。加入《华盛顿协议》是适应高等工程教育国际化、推进学位和工程师资格国际互认的需要,也是提高工程人才培养质量的关键一步,标志着在工程教育方面取得了重大进展。与此同时,中国现阶段高等工程教育的培养模式与新时代工程人才需求之间仍有差距,工科高校人才培养不能一味落后于时代发展,走老工科的老路子,必须加快工程人才培养模式的改革与创新,开展工程教育认证与一流专业建设相结合,促进一流专业建设,为应用型工程人才培养提供应有的服务,在经济发展和产业转型升级中发挥支撑作用。

1.1.2 理论基础

OBE 教育理念的产生与发展,是以教育目标理论、能力本位教育理论以及精熟教育理论作为研究的理论基础。

1.1.2.1 教育目标理论

教育目标理论最早可追溯到西方学者斯宾塞为解决教师的教和学生的学在预期目标上不协调、不同步的矛盾,而根据人类行为分类,提出的教育规划目标论。而后赫尔巴特又进一步指出课程中教育目标引导教学行为的重要性。而教育目标理论中最为著名的是泰勒提出的课程开发的 4 个关键问题:学校的教育目标是什么、应为学生提供哪些教育经验以达到这些目标、如何有效组织这些教育经验、如何确定这些目标是否得以实现,并提出著名的泰勒模式:决定目标—选择内容—组织教材—评价结果,该教育目标理论被广泛应用于课程论。而后惠勒对泰勒提出的目标理论进行了改进,提出将泰勒的"直线式"排列改为"圆周式",即决定目标—选择经验—组织经验—评价结果—决定目标。泰勒与惠勒提出的教育目标理论是 OBE 理念形成的重要理论基础。

1.1.2.2　能力本位教育理论

能力本位教育理论产生于 20 世纪的美国,该理论在受到美国政府及一些评估机构的关注后逐渐应用于职业教育、大学以及企业等更为广泛的领域中。能力本位教育理论的核心观点是学校及机构的教育以培养学生的职业、岗位需要的实操能力为重点,它强调将能力而非学历、学术体系作为教学的基础,强调严格的科学管理和灵活的办学形式,该理论对教育目标的制定提出明确的要求,强调精确的学习成果产出及其评价标准的制定,强调采用灵活的时间使学生掌握特定的技能,强调采用何种形式的教学活动辅助学习,强调根据学生的情况调整学习进程,强调学习成果的阶段性考核以及学习成果认证。能力本位教育理论的五大要素为:① 将职业能力作为培养目标及教育评价设计的基础;② 将职业能力作为教学的基础;③ 学生自我学习和自我评价;④ 灵活的教学和科学严格的管理;⑤ 授予相应的职业资格证书或学分。该理论充分关注学生就业能力的培养问题,是 OBE 理念形成的重要理论基础。

1.1.2.3　精熟教育理论

精熟教育理论诞生于 20 世纪 80 年代初的美国成果导向学习联盟。精熟教育理论强调教育的目的是达到"精熟学习",评价是为了促进所有学生的学习。精熟教育理论认为:只要教学的条件得以满足学生的学习需要,那么任何学生都能足够优秀。在精熟教育理论指导的教学中,每节课不是按照固定的时间,而是按照学生的掌握程度和成绩划分的,它完全颠覆了传统的教育理念。在传统的课堂中,师生须在固定的课时完成某个主题的教学,时间一到,师生就必须进入下一个主题的学习,然而这种方式忽略了不同学生对内容的掌握是有所差异的。精熟学习法强调在教学中按学生个人节奏实现对知识同等水平的掌握。例如,学得快的学生在课后通过进一步练习对学习的内容进行巩固,而学得慢的学生可对其进行单独的辅导或是布置额外的作业促使其赶上进度,等等。精熟学习分为两个步骤:步骤一,设定教学目标;步骤二,教学、形成性评价、补救教学的不断循环,直至达成预先设定的教学目标。教师须明确学生通过课堂学习须学会什么、如何学以及熟练标准评价程序及成绩评定方式,将教学内容分为小单元,每单元教学时间为 1~2 周,教学之后评定学生的学习进步到何种程度,让老师以及学生了解是否已经精通内容,针对学生的问题采取相应的补救措施。与传统教育更多关注"整体"不同,精熟教育强调关注学生的个性,认为教师应相信学生的潜力,为学生设定更具有挑战性的目标和任务,并期待所有学生都能够获得成功。精熟教育理论是 OBE 理念形成的重要理论基础。

1.2 研究目的和意义

1.2.1 研究目的

专业培养目标和毕业要求是培养方案的核心要素,培养方案的落实靠课程建设与教学管理的实施,课程教学目标是课程教学大纲的核心要素,它既支撑着毕业要求的达成,又决定着课程实施的教学内容、教学方法以及评价方式。只有完成课程教学目标,才能支撑毕业要求的达成,实现专业培养目标。江苏海洋大学测绘工程专业跨入全国一流专业建设行列,必须扎实推进系列精品一流课程建设,全面倡导 OBE 成果导向教育理念,开展从"以教为中心"转向"以学为中心"的课程教学,做好课程教学的建设与管理,推动测绘工程人才培养持续改进,导航打造具有海洋测绘人才特色的应用型测绘工程专业人才培养新体系。

1.2.2 研究意义

1.2.2.1 理论意义

OBE 理念强调的是以产品输出为导向,注重学生对于知识学习成果的转换,让学生通过自主学习,真正获得知识学习和研究的阶段性成果,增强学生的学习获得感,以 OBE 理念出发的课程教学能够解决知识教育与能力培养之间的不平衡问题,让学生以主动的、实践的方式学习知识。本书通过借鉴 OBE 理念的认证标准,从课程建设实际的角度出发,为课程教学能力结构培养的理论构建提供进一步的启示,多途径考察提升学习能力的渠道,并对相应的各种渠道的重要性进行分析,从而为提升知识、能力、素质提供方案措施,从关注"教育投入"向关注"教育产出"转变,丰富基于 OBE 理念的课程教学的理论研究,尝试在 OBE理念指导下,对课程教育教学提供理论参考;依据一流专业与一流课程建设相关导向,分析课程教改的内部要求,基于 OBE 理念尝试对专业课程教改模式进行构建,为专业课程教改模式提供相应的理论参考。

1.2.2.2 实践意义

理论研究是在实践的基础上的总结和升华,最终又服务于新的实践活动,为实践活动提供导向和支撑。国家本科工程教育虽然已经具备较为完整的体系,但仍然存在不少问题,如课程教学不关注当前人类社会面临的重大问题,不注重学生综合素质、可持续发展意识以及课程多资源建设、课程思政元素等。本书以OBE 理念为导向,以学习成果为出发点,逆向设计课程教学过程的新兴教育理念,打破传统的教师中心、教材中心、知识中心的教学设计思路,在课程建设教学满意度调查基础上,吸收多年研究成果加以理解和创新,具有很强的实践价值。一是有利于提高课程教学满意度。从 OBE 理念视角着手,对课程满意度进行多方式调查,依据当前课程教学满意度的具体情况,结合调查结果为课程教学与管理提供数据参考与建设性意见,帮助专业教育建设提高课程教学满意度。二是有利于提升学生的主体性观念。依据课程教学目标与内容要求,广泛开展课程教学资源建设,使学生变被动接受学习为主动积极学习,作为课程评价的主体参与评价,享有较大的自主权,彰显自主学习、合作学习、探究学习的主体地位,激发学生学习兴趣,提高教学效率。

1.3　引入 OBE 理念的可行性分析

基于 OBE 理念的测绘工程专业大地测量学基础课程教学,需要学生根据实际的课程教学目标进行专业知识的学习、应用和分析,在多平台教学资源中学生可以自由施展,进行自主学习、团队合作,通过课程设计与课程实习的实践锻炼,发现自己的不足,在丰富的实践活动中学习和巩固新知识,完善巩固自己的知识结构,提升综合知识应用能力,在做中学,发挥更多的主动性和创造性,成为真正的学习主体。

(1)有引入的保障机制。

大地测量学基础课程作为江苏省精品课程,是江苏海洋大学全国一流建设专业和工程教育认证专业的主干课程,具有一流的教学团队和支持条件,一直基于 OBE 教育理念,从"以教为中心"转向"以学为中心",加强课程教学与管理,注重课程资源建设。

(2)有引入的支撑力度。

大地测量学基础课程是测绘工程专业核心基础课程之一,研究地球形状、大小以及外部重力场的确定和地面点的精密定位,是所有测绘工程专业后续课程的基础,为测绘地理信息工程项目提供框架与基础,为培养毕业生解决复杂测绘工程问题的能力提供了有力的基础支撑。

(3)有引入的借鉴经验。

大地测量学基础课程具有完善的模块化课程教学体系,理论教学、课程设计、课程实习三位一体,是一门重视实践的课程,强调以产品输出为导向、以学生为中心组织和实施教学过程,课程教学需求与 OBE 教学理念一致,可以使学生获得一些匹配未来就业的实践技能,提高学生专业知识的迁移能力,为其他课程的引用提供了实用的参考经验,为 OBE 理念在测绘工程专业教学中的应用提供了很好的示范和借鉴,为更多教育领域应用基于 OBE 理念的课程教学提供了参考。

1.4 本章小结

本章从高等工程教育出发,基于 OBE 成果导向教育理念,讨论了 OBE 理念的产生、发展与应用,探索了 OBE 理念形成的理论基础,分析了大地测量学基础课程教学引入 OBE 理念的可行性。随着现代教育理念和教育技术的不断融合以及 OBE 教育理念的深层次引入,教学内容从"教什么"向"学什么"转变,教学方法从"怎么教"向"怎么学"转变,教学评价从"教得怎么样"向"学得怎么样"转变,加强现代课程教学资源建设与教学管理研究,建设多媒体课件、课程测试、模拟实践、科学实习、编程实践、课程网站、自主学习等多平台教学与管理资源,倡导学生自主学习、合作学习、探究学习,有利于提高学习的积极性,有利于实现课程的教学目标,有利于理论知识与社会实际的更好结合,有利于提高毕业要求的达成度,有利于实现专业培养目标,有利于提高毕业生的就业率,有利于职场的工作接轨,有利于国家一流专业的创建。

2 课程建设教学指导

2.1 课程教学设计指导

2.1.1 测绘工程专业毕业要求

江苏海洋大学测绘工程专业毕业要求是:要求学生具有扎实的测绘地理信息工程的基本理论,接受空间信息数据采集、处理、表达、管理与应用等训练,掌握测绘及数据处理的手段与方法,具有解决复杂测绘工程问题的知识、能力和素质。

(1)工程知识:能够将数学、自然科学、工程基础和专业知识用于解决复杂测绘工程问题。

(2)问题分析:能够应用数学、自然科学和工程科学的基本原理,识别、表达并通过文献研究分析复杂测绘工程问题,以获得有效结论。

(3)设计/开发解决方案:能够设计针对复杂测绘工程问题的解决方案,设计满足特定需求的系统、单元或工艺流程,并能够在设计环节中体现创新意识,考虑社会、健康、安全、法律、文化以及环境等因素。

(4)研究:能够基于科学原理并采用科学方法对复杂测绘工程问题进行研究,包括设计实验、分析与解释数据并通过信息综合得到合理有效的结论。

(5)使用现代工具:能够针对复杂测绘工程问题,开发、选择与使用恰当的技术、资源、现代工程工具和信息技术工具,包括对复杂测绘工程问题的预测与模拟,并能够理解其局限性。

(6)工程与社会:能够基于工程相关背景知识进行合理分析,评价专业工程实践和复杂测绘工程问题解决方案对社会、健康、安全、法律以及文化的影响,并理解应承担的责任。

(7)环境和可持续发展:能够理解和评价针对复杂测绘工程问题的专业工程实践对环境、社会可持续发展的影响。

(8)职业规范:具有人文社会科学素养、社会责任感,能够在测绘工程实践中理解并遵守工程职业道德和规范,履行责任。

（9）个人和团队：能够在多学科背景下的团队中承担个体、团队成员以及负责人的角色。

（10）沟通：能够就复杂测绘工程问题与业界同行及社会公众进行有效沟通和交流，包括撰写报告和设计文稿、陈述发言、清晰表达或回应指令，并具备一定的国际视野，能够在跨文化背景下进行沟通和交流。

（11）项目管理：理解并掌握工程管理原理与经济决策方法，并能在多学科环境中应用。

（12）终身学习：具有自主学习和终身学习的意识，有不断学习和适应发展的能力。

2.1.2　课程教学 OBE 理念设计要求

OBE 成果导向教育理念，也称为目标导向、能力导向教育理念。OBE 成果导向教育理念不同于传统学科导向的教育理念，该教育理念指导下的课程和教学从需求出发，根据单位对人才的能力要求确定学生要"学什么"，预期学习成果，定位教学目标，重新构建课程内容，设计和实施教学过程。教学设计始终围绕学生这一主体，关注学生"学什么"以及"学会了什么"而不是教师"教什么"，强调对学生毕业后真正所需要的知识、能力和素质的培养。"以学生为中心"和"以能力为本位"是基于 OBE 理念进行教学设计的指导原则。

OBE 成果导向教育理念认为教学设计和教学实施的目标是学生在教育过程中所取得的学习成果，强调以下五个问题：第一，想让学生取得的学习成果是什么？第二，为什么要让学生取得这样的学习成果？第三，如何有效帮助学生取得这些学习成果？第四，如何知道学生已经取得了这些学习成果？第五，如何保障学生能取得这些学习成果？落实成果导向教育需要把握设计、实施和评价这三个环节，设计环节注重反向设计，实施环节注重以学生为中心，评价环节注重持续改进的方法和效果。

反向设计指教学设计从培养目标"反向"进行，是相对传统的正向设计而言的。正向设计是课程导向的，即首先按照学科的知识逻辑结构形成一个课程体系。它强调学科知识体的系统性和完备性，在一定程度上忽视了专业培养的需求。反向设计从需求开始，由需求决定培养目标，再由培养目标决定毕业要求，再由毕业要求决定课程体系。"需求"既是设计的起点又是实施的终点。强调反向设计、正向实施，有助于实现教育过程与需求的无缝对接。

以学生为中心要求教学从"以教为中心"向"以学为中心"转变。为此，课堂教学应该注重"十个转变"：知识课堂转向能力课堂、封闭课堂转向开放课堂、重学轻思转向学思结合、重研轻教转向教研融合、共性培养转向因材施教、终结评价转向发展评价、重教轻学转向教主于学、重理轻文转向文理兼容、重知轻行转向知行合

一、灌输课堂转向对话课堂。实现这十个转变,就必须转变教学"三观",即教学本质之观、教学理念之观和教学原则之观。教学本质是对"教学是什么"的追问。在传统观念中,教学就是教师将知识和技能传授给学生。而真正的教学要教学生乐学、会学、学会。其中,会学是教学的核心,是指学生能够做到会自己学、会在思考中学、会在做中学。教学理念是对"教学为什么"的追问。在传统观念中,教是为了教会,学是为了学会。教师应该树立"教是为了不教,学是为了会学"的理念,不教是大教,教的目的是不教,教的方法是大教。一定要遵循"教主于学"的教学原则。教之主体在于学,教之目的在于学,教之效果在于学,能够引导学生自主学习的教学才是有效的教学。教师在课堂教学中应该牢记:质疑重于聆听,反思高于理解,超越高于适应,直觉重于逻辑,体验高于经验,自由高于创造。

2.2　课程教学指导

2.2.1　课程教学大纲

2.2.1.1　课程地位、作用与任务

大地测量学基础课程是测绘工程专业的核心专业基础课程之一,主要研究地球形状、大小以及外部重力场的确定和地面点的精密定位,为人类活动提供关于地球的空间信息,是测绘及其相关学科的基础,在测绘工程专业高素质人才的培养计划中具有重要的地位并发挥着重大作用。本课程是在充分学好高等数学、数字地形测量学等课程的基础上进行的,通过教学与学习,不仅可以使学生理解物理大地测量和几何大地测量的基础理论知识,掌握区域大地控制测量的基本技术与方法,而且可以培养和训练他们的工程应用素质和实践创新技能,提高分析问题和解决问题的能力,为后续专业课工程测量学、不动产测绘等的学习打下良好的基础,为培养应用型测绘创新人才提供有力支撑。

2.2.1.2　课程目标及对毕业要求指标点的支撑(表 2-1)

表 2-1　课程目标及对毕业要求指标点的支撑

序号	课程目标	支撑毕业要求指标点	毕业要求
1	目标1:掌握位理论基础、大地水准面、常用坐标系、椭球面计算、高斯平面计算及几何大地测量等基本理论,能够运用适当数学模型实现地球形状、大小及点位的推理与计算	1-1 掌握数学、自然科学、工程科学的语言工具知识,并能用于表述海洋测绘、城乡建设、自然资源和应急保障等领域复杂工程问题	1. 工程知识:能够将数学、自然科学、工程基础和专业知识用于解决复杂测绘工程问题

表 2-1(续)

序号	课程目标	支撑毕业要求指标点	毕业要求
2	目标 2:熟练运用地球重力场、大地基准、地球椭球与数学投影变换、平面高程控制测量等理论,能够针对具体工程问题,实现方案设计、分析论证和对策研究	7-2 能够站在环境保护和可持续发展的角度思考测绘工程实践的可持续性,评价测绘项目实施中可能对人类和环境造成的损害和隐患	7. 环境和可持续发展:能够理解和评价针对复杂测绘工程问题的工程实践对环境、社会可持续发展的影响
3	目标 3:能够综合几何大地测量基本技术和方法,利用现代仪器设备与计算技术,通过协调沟通与团队协作,实现较复杂环境条件的信息采集与处理	9-1 具备相关学科基础知识,牢固树立测绘工程为多学科团队作业的意识,能与海洋科学、地理学等多学科成员有效沟通、高效合作	9. 个人和团队:能够在多学科背景下的团队中承担个体、团队成员以及负责人的角色
4	目标 4:认知大地测量的作用、现代大地测量新特征及发展前景,能够激发自主学习和终身学习的热情,产生创新学习的动力和正能量	12-1 在经济全球化发展的大背景下,认识到自主学习和终身学习的必要性,具有自主学习和终身学习的意识	12. 终身学习:具有自主学习和终身学习的意识,有不断学习和适应发展的能力

2.2.1.3 教学内容及进度安排(表 2-2)

表 2-2 教学内容及进度安排

序号	教学内容	学生学习预期成果	课内学时	教学方式	支撑课程目标
1	1. 绪论 1.1 大地测量学的定义和作用 1.2 大地测量学的基本体系与内容 1.3 大地测量学的发展简史及展望 重点:大地测量学体系与展望 难点:大地测量学的基本内容	了解大地测量学发展历史,掌握大地测量学的定义和作用,熟练掌握大地测量学的基本体系和内容	2	课程采用 OBE 教育理念,主要教学方法为课堂讲授、课后阅读	目标 4
2	2. 物理大地测量概论 2.1 地球运动概论 2.2 位理论基础 2.3 地球重力场理论 2.4 高程系统 2.5 垂线偏差基本理论 2.6 地球形状的基本理论 重点:地球形状及高程系统理论 难点:地球重力场理论	了解重力测量及相关概念,理解地球形状基本参数,掌握位理论基础及地球重力场基本理论,熟练掌握垂线偏差及高程系统建立理论	4	课程采用 OBE 教育理念,主要教学方法为课堂讲授、案例分析、课堂提问、讨论	目标 1 目标 2

表 2-2(续)

序号	教学内容	学生学习预期成果	课内学时	教学方式	支撑课程目标
3	3. 坐标与时间系统 3.1 地球时空变化 3.2 坐标系统及换算 3.3 常用大地坐标系及其关系 3.4 国家大地坐标系 3.5 时间系统 重点:大地测量系统及其框架 难点:大地坐标系建立及换算理论	了解地球运转的基本理论,理解时间系统,掌握大地基准建立的基本理论,熟练掌握大地坐标系建立及换算过程	6	课程采用 OBE 教育理念,主要教学方法为课堂讲授、案例分析、课堂提问、讨论	目标1 目标2
4	4. 椭球面计算基本理论 4.1 地球椭球的基本性质 4.2 椭球面上几种曲率半径 4.3 椭球面上的弧长计算 4.4 大地线 4.5 地面观测值归算至椭球面 4.6 大地测量主题解算概述 重点:地面观测值归算至椭球面的基本理论及方法 难点:大地测量主题解算	了解地球椭球的基本性质,理解大地测量主题解算过程,掌握椭球面上的几何计算,熟练掌握地面观测值归算至椭球面的基本理论及方法	6	课程采用 OBE 教育理念,主要教学方法为课堂讲授、案例分析、课堂提问、讨论	目标1 目标2
5	5. 高斯平面计算基本理论 5.1 地图数学投影变换的基本理论 5.2 高斯平面直角坐标系 5.3 椭球面元素归算至高斯平面 5.4 其他地图投影 重点:椭球面元素归算至高斯平面计算理论 难点:高斯平面坐标计算理论	了解地图数学投影变换基本理论,掌握高斯正形投影、高斯平面坐标、方向及距离计算等理论	6	课程采用 OBE 教育理念,主要教学方法为课堂讲授、案例分析、课堂提问、讨论	目标1 目标2
6	6. 平面控制测量技术与方法 6.1 国家平面大地控制网建立概述 6.2 工程平面控制网设计 6.3 平面控制观测 6.4 大地测量数据处理概述 重点:区域平面控制网观测技术与方法 难点:大地测量数据处理过程	了解国家平面大地控制网建立方法及过程,掌握区域平面控制网设计的原则及方法,熟练掌握大地测量数据处理的基本过程	11	课程采用 OBE 教育理念,主要教学方法为课堂讲授、案例分析、课堂提问、讨论	目标1 目标2 目标3

表 2-2(续)

序号	教学内容	学生学习预期成果	课内学时	教学方式	支撑课程目标
7	7. 高程控制测量技术与方法 7.1 国家高程控制网建立的基本原理 7.2 工程高程控制网设计 7.3 精密水准测量 7.4 电磁波测距三角高程测量 重点:区域高程控制网观测技术方法 难点:电磁波测距三角高程测量	了解国家高程控制网建立的基本原理,掌握区域高程控制网设计的基本过程,熟练掌握高程控制网观测计算方法	11	课程采用 OBE 教育理念,主要教学方法为课堂讲授、案例分析、课堂提问、讨论	目标 1、目标 2、目标 3
8	8. 现代大地测量概论 8.1 现代大地测量方法概论 8.2 卫星大地测量新进展 8.3 空间重力测量新进展 8.4 现代大地测量的特征 重点:全球卫星定位系统发展 难点:空间重力测量理论	了解空间重力测量,理解全球卫星定位系统(GNSS)、卫星激光测距(SLR)、甚长基线干涉测量(VLBI)等基本理论与应用	2	课程采用 OBE 教育理念,主要教学方法为课堂讲授、案例分析、课堂提问、讨论	目标 4

2.2.1.4 课程考核(表 2-3)

表 2-3 课程考核内容及评价

序号	课程目标(支撑毕业要求指标点)	考核内容	评价依据				成绩比例/%
			作业	上机	实验	考试	
1	目标 1 (支撑毕业要求指标点 1-1)	(1) 物理大地测量概论 (2) 坐标与时间系统 (3) 椭球面计算基本理论 (4) 高斯平面计算基本理论 (5) 平面控制测量技术与方法 (6) 高程控制测量技术与方法	√			√	30
2	目标 2 (支撑毕业要求指标点 7-2)	(1) 物理大地测量概论 (2) 坐标与时间系统 (3) 椭球面计算基本理论 (4) 高斯平面计算基本理论 (5) 平面控制测量技术与方法 (6) 高程控制测量技术与方法	√			√	44

表 2-3(续)

序号	课程目标(支撑毕业要求指标点)	考核内容	评价依据				成绩比例/%
			作业	上机	实验	考试	
3	目标 3 (支撑毕业要求指标点 9-1)	(1) 平面控制测量技术与方法 (2) 高程控制测量技术与方法	√		√	√	20
4	目标 4 (支撑毕业要求指标点 12-1)	(1) 绪论 (2) 现代大地测量概论	√			√	6
	合计		20		10	70	100

2.2.2 课程设计教学大纲

2.2.2.1 教学目标

大地测量学基础课程设计是课程实践教学中的一项重要内容,是完成教学计划、达到教学目标要求的重要环节,是以城市测量规范、操作规程及设计任务书为依据,以实践区域的自然地理及已有控制测量资料等为基础,通过大地控制测量的基础知识和具体应用,实践大地控制测量技术设计,通过设计,帮助学生全面牢固地掌握课堂教学内容,增强理论与实践相结合的能力,提高使用先进仪器、工具进行复杂测绘工程问题的分析、研究、评价的能力,在工作过程中更多考虑社会因素,并且撰写专业技术资料进行有效沟通交流,对于培养学生的实践和实际动手能力、提高学生全面素质、解决复杂测绘工程问题,具有很重要的意义。

2.2.2.2 课程设计教学目标及对毕业要求指标点的支撑(表 2-4)

表 2-4 课程设计教学目标及对毕业要求指标点的支撑

序号	课程设计教学目标	支撑毕业要求指标点	毕业要求
1	目标 1:依据大地控制测量专业知识,运用数学模型、控制网优化技术法,培养区域大地控制网设计与论证的能力	1-3 能够将测绘专业知识、数学模型方法应用于推演、分析测绘专业复杂工程问题,具备解决海洋测绘、城乡建设、自然资源和应急保障等复杂测绘工程问题的能力	1. 工程知识:能够将数学、自然科学、工程基础和专业知识用于解决复杂测绘工程问题
2	目标 2:依据区域大地控制网布网原则与工程环境条件,综合运用所学理论、方法及测绘数据处理软硬件,规范编写任务设计书,培养正确表达复杂测绘工程问题的能力	2-2 能基于测绘及相关科学原理、数学模型方法正确表达复杂测绘工程问题	2. 问题分析:能够应用数学、自然科学和工程科学的基本原理,识别、表达并通过文献研究分析复杂测绘工程问题,以获得有效结论

表 2-4(续)

序号	课程设计教学目标	支撑毕业要求指标点	毕业要求
3	目标 3：综合考虑工程实践对环境、社会可持续发展的影响，培养从技术性、可靠性及经济性等方面优选设计方案的能力	11-2 掌握测绘工程及产品全周期、全流程的成本构成，理解其中的工程管理和经济决策问题	11.项目管理：理解并掌握测绘工程管理原理与经济决策方法，并能在多学科环境中应用

2.2.2.3 课程设计教学内容及基本要求(表 2-5)

表 2-5　课程设计教学内容及基本要求

序号	教学内容	学生学习预期成果	课内学时	教学方式	支撑课程目标
1	工程问题分析，处理方案设计 重点：规范运用 难点：总体设计	明确任务书要求，依据大地控制测量专业知识，合理设计总体技术方案	1 d	任务书讲授，总体要求分析，查阅文献	目标 1
2	优化分析，方案选优 重点：精度分析 难点：模型选择	综合所学专业知识，选择合理数学模型、计算工具，实现精度满足规范要求的优化方案	2 d	优化报告，分析讨论，上机操作	目标 1 目标 2
3	实施方案设计，工作组织预算 重点：实测设计 难点：新技术应用	融会贯通大地控制测量技术，达到技术上先进、组织上高效、经费上合理	1 d	理论学习，实测讨论，新技术应用	目标 2 目标 3
4	设计过程总结，完成设计报告 重点：说明书编写 难点：总结分析	完成一个较完整的设计计算过程，实现综合性训练的目的	1 d	文本要求，规范编写，总结分析	目标 1 目标 3

2.2.2.4 课程设计选题及要求(表 2-6)

表 2-6　课程设计选题及要求

序号	选题名称	选题要求
1	＊＊＊＊＊＊大地控制网优化设计	根据任务书要求，选择不同区域，完成工程项目分析、坐标系统选定、控制方案设计、优化选择分析、实测方案设计、组织预算计划等内容，绘制控制网图，编写符合要求的课程设计报告

2.2.2.5 课程设计教学环节及时间分配(表2-7)

表 2-7 课程设计教学环节及时间分配

序号	课程设计教学环节	学时	备注
1	熟知任务书要求,制订设计计划	0.5 d	实验室或设计室
2	平面控制方案设计与分析	1.5 d	实验室或设计室
3	高程控制方案设计与分析	1 d	实验室或设计室
4	实测方案设计与工作计划组织	1 d	实验室或设计室
5	撰写设计报告	1 d	实验室或设计室

2.2.2.6 课程设计成绩评定(表2-8)

表 2-8 课程设计成绩评定

序号	课程目标 (支撑毕业要求指标点)	考核内容	评价依据	成绩 比例/%
1	目标1(支撑毕业要求指标点1-3)	分析到位,方案合理	合理性	20
2	目标2(支撑毕业要求指标点2-2)	技术可行,指标可靠	可靠性	50
3	目标3(支撑毕业要求指标点11-2)	经济实惠,方案最优	优化性	30
	合计			100

2.2.3 课程实习教学大纲

2.2.3.1 教学目标

　　大地测量学基础实习是学生综合运用大地测量基本理论和技术进行技能强化训练的一个实践环节。实践教学的目标是使学生全方位地在工程作业环境中得到系统正规训练,进一步巩固和加深大地测量技术的理论知识,以城市测量规范、操作规程为依据,综合运用大地测量基本理论和技术进行技能强化训练,实践大地控制测量技术与方法。

　　通过实习,学生全面牢固地掌握课堂教学内容,增强理论与实践相结合的能力,提高使用先进仪器、工具进行复杂测绘工程问题的分析、研究、评价的能力,进一步熟悉大地控制测量方面的知识,全方位地在工程作业环境中得到系统正规训练,进一步巩固和加深大地测量技术的理论知识,掌握应用大地测量技术解决复杂测绘工程实际问题的能力。

2.2.3.2 实习教学目标及对毕业要求指标点的支撑(表 2-9)

表 2-9 实习教学目标及对毕业要求指标点的支撑

序号	实习教学目标	支撑毕业要求指标点	毕业要求
1	目标 1:开展大地控制测量实践,综合分析处理大地控制测量数据,优化分析与评定数据质量,全面培养在工程实践中应用大地测量数据处理问题的能力	4-4 能够对实验结果进行信息综合处理、分析、解释和评判,取得合理有效的结论	4. 研究:能够基于科学原理并采用科学方法对复杂测绘工程问题进行研究,包括设计实验、分析与解释数据,并通过信息综合得到合理有效的结论
2	目标 2:培养学生的综合应用能力和工程素质,培养学生的实践创新能力和团队合作能力	9-2 能正确认识个人与团队的关系,能在团队中独立或合作开展工作	9. 个人和团队:能够在多学科背景下的团队中承担个体、团队成员以及负责人的角色
3	目标 3:认知大地测量技术的沿革与前沿发展,增强自主学习和终身学习的意识,培养不断学习和适应发展的能力	12-1 在经济全球化发展的大背景下,认识到自主学习和终身学习的必要性,具有自主学习和终身学习的意识	12. 终身学习:具有自主学习和终身学习的意识,有不断学习和适应发展的能力

2.2.3.3 实习教学内容及进度安排(表 2-10)

表 2-10 实习教学内容及进度安排

序号	教学内容	学生学习预期成果	学时分配	教学方式	支撑课程目标
1	平面控制测量: (1) 观测方案设计及测绘准备工作 (2) 分组完成区域首级光电导线测量任务 (3) 独立完成观测数据归化概算及成果处理工作 重点:光电导线测量 难点:数据处理分析	方案合理,精度达到要求	2 d	采用 OBE 教育理念,主要教学方法为示范教学、总结分析	目标 1 目标 2 目标 3

表 2-10(续)

序号	教学内容	学生学习预期成果	学时分配	教学方式	支撑课程目标
2	高程控制测量: (1)观测方案设计及测绘准备工作 (2)独立完成高程控制网二等水准测量工作任务 (3)独立完成水准路线观测数据概算及成果处理工作 重点:精密水准测量 难点:数据处理分析	方案合理,精度达到要求	6 d	采用 OBE 教育理念,主要教学方法为示范教学、总结分析	目标 1 目标 2 目标 3
3	大地控制测量技术报告: (1)项目概述 (2)技术设计执行情况 (3)新技术和新方法应用 (4)成果质量情况与评价 (5)经验教训、问题分析及改进建议 (6)成果资料清单及归档 重点:成果质量情况与评价 难点:经验教训问题分析	文档规范,总结可信	2 d	采用 OBE 教育理念,主要教学方法为示范教学、撰写报告分析	目标 1 目标 2 目标 3

注:知识点要充分体现课程思政元素。

2.2.3.4 实习教学的基本要求、重点、难点(表 2-11)

表 2-11 实习教学的基本要求、重点、难点

序号	教学环节	基本要求	重点	难点
1	光电导线测量	Ⅰ导线指标	7 条措施	旋进操作
2	高程控制测量	二等水准指标	10 条措施	左右指向
3	内业数据处理	正确可靠	闭合差计算	归化计算
4	技术总结报告	规范可信	数据处理	问题分析

2.2.3.5 实习课程成绩评定及评定依据(表 2-12)

表 2-12 实习课程成绩评定及评定依据

序号	课程目标 (支撑毕业要求指标点)	考核内容	评价依据	成绩 比例/%
1	目标 1(支撑毕业要求指标点 4-4)	实习成果	小组及独立完成实习成果精度符合相应等级要求	30
2	目标 2(支撑毕业要求指标点 9-2) 目标 3(支撑毕业要求指标点 12-1)	实习表现	操作技能、遵守规范、团结协作、实习纪律等	30
3	目标 1(支撑毕业要求指标点 4-4) 目标 2(支撑毕业要求指标点 9-2) 目标 3(支撑毕业要求指标点 12-1)	实习技术总结报告	实习记录(文字、图表、视频等); 技术总结报告(项目完成情况、计划执行情况、新技术和新方法应用情况、成果质量情况与评价、经验教训、问题分析及改进建议等)	40
	合计			100

2.3 本章小结

专业培养目标和毕业要求是培养方案的核心要素,毕业要求的达成支持培养目标的实现,课程教学目标是课程教学大纲的核心要素,课程教学目标的实现支撑着毕业要求的达成,培养方案的落实靠课程建设与教学管理的实施,它既支撑着毕业要求的达成,又决定着课程实施的教学内容、教学方法以及评价方式。为此,为体现全国一流专业建设和工程教育专业认证的共同特点要求,基于OBE 成果导向教育理念,确定江苏海洋大学测绘工程专业毕业要求,制定"以学为中心"的课程教学大纲和实践教学大纲,作为课程建设与教学管理的指南和行为纲领。

3　课程多媒体课件设计与开发

3.1　课件总体设计

基于先整体后局部的原则,首先应从整体上确定制作大地测量学基础教学课件的步骤,根据这一思路,把总体的设计分为课件制作流程和课件制作结构两方面工作。

3.1.1　课件流程设计

根据程序设计开发流程,将每个框架内的工作内容展开,具体进行分析与设计,从而完成多媒体课件的设计和制作任务。大地测量学基础多媒体课件流程设计如图 3-1 所示。

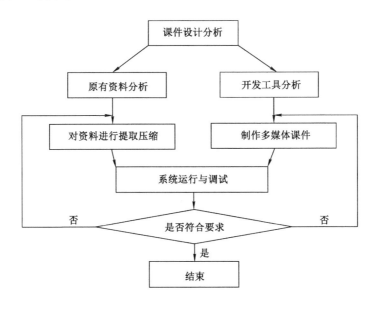

图 3-1　课件流程设计图

3.1.2 课件结构设计

课件结构设计是多媒体课件制作中最重要的工作,它是多媒体课件制作的核心,一个好的多媒体课件必须有一个好的设计思路,大地测量学基础多媒体课件基于课程教学目标,将教学大纲的章节内容和要求作为基本的体系结构。

在课件结构设计过程中,按照"由上到下,由整体到局部"的设计原则,先考虑上层的需求,后实现下层的需求,也就是先进行主窗体即欢迎界面的设计,主界面的功能应能与其他章节相连接,使之可以进入任意章节之中,每一个章节使用一个单独的窗体进行该章节内容的单独设计,同时在任意章节中也应设计与主菜单进行相互连接,以实现整体与局部的良好沟通。多媒体课件章节总体结构设计如图 3-2 所示。

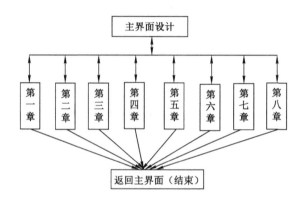

图 3-2 课件结构设计图

3.2 主界面设计与开发

3.2.1 主界面背景设计与开发

多媒体课件是学生自主学习的重要资源,无论教与学,都应广泛体现老师和学生的交互性,不能与教材一样。同一页内容看久了眼睛都会疲倦,而且易使人觉得乏味和烦躁,这样的情况下主色调就不能采用暖色来填充了,因为暖色更容易让人烦躁。

课件除了具有相当的实用性以外,最主要的是视觉效果,用户在应用课件的时候除了文字以外,还会注意到背景的搭配。所以,主界面背景图片的选择十分重要。图片的设计及色彩的搭配会起到很大的作用。图片的风格不能过于卡通,这样给人的感觉很幼稚,主观上在威信方面也会大打折扣;也不能像宣传广告那样太注重商业价值的宣传,还不能太严肃、太死板,这样会给人一种距离感,同样不能引起学生的兴趣。同时,所选择的背景图片最好能与本学科的知识有一定的联系。综上所述,图片整体的风格要淡雅、清新、美观但不花哨,实用性强但不失兴趣的启发因素。另外,风格要大体一致,但是又不能太相似,不然还是会起到重复、令人厌烦的效果。在风格保持一致的同时要注意每个背景的个性设计。因此,在大地测量学基础多媒体课件设计中,采用的是一个淡蓝色的地球图作为背景,与大地测量学基础知识相辅相成,如图 3-3 所示。具体添加图片的操作是:首先选择 VB 左边控件栏上的 image 控件,将其拖放到窗体上,在右边的属性栏中将 image1 的"Stretch"属性设置为"True",表明图片可以随框的大小而自动调整大小。然后点击 image1 的"picture"属性添加该图片。为了使启动的时候能够全屏显示,并且背景图片能随着窗体的大小改变而改变,添加代码为:

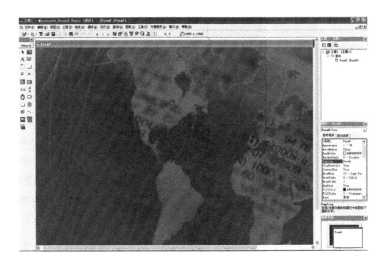

图 3-3　主界面背景图

```
Private Sub Form Resize()
    Form0.WindowState = 2
    Image1.Move 0,0,Me.Width,Me.Height
End Sub
```

3.2.2　主界面内容设计与开发

根据设计要求,主界面中内容应简洁明了、布局合理,使用户能够一目了然地理解主界面。根据该教学大纲的 8 章节具体内容,大地测量学基础多媒体课件同样 8 个章节,在主界面中可以设置 8 个按钮,分别代表第一章至第八章,分两列分布在主界面上,单击各个按钮,可以进入相应的章节内容。主界面内容如图 3-4 所示。

图 3-4   主界面设计图

为了使控件按钮美观,可以对按钮添加背景图片,实现方法是:设置控件的"Style"属性值为 1-Graphic,然后添加按钮背景图片。按钮控件主要代码为:

```
Private Sub Command1_Click ()
    Form1.Show
End Sub
```

3.2.2.1   背景音乐设计

声音效果是多媒体课件中一种重要的工具。在多媒体课件声音的设计过程中,要针对多媒体课件的声音特点,充分发挥计算机系统和多媒体软件的技术优势,通过对课件内容的全面分析,从总体和局部筹划多媒体课件的声音。声音可以向学习者呈现教学内容,可以吸引学习者,保持学习者的注意力,补充屏幕上显示的视觉信息。在 CAI 教学软件中必须根据上下文所用的多种信息显示来考虑声音的作用,声音可以是信息的主流,也可以是视觉信息的补充。

VB 中的音频控件是 Windows Media Player。由于 Windows Media Player 不是基本控件,在左边的工具栏空白处右击,选择"部件",然后选择 Windows Media Player,点击"确定",左边的工具栏中即出现 Windows Media Player 控件，如图 3-5 所示。

选择 Windows Media Player 控件，添加到主界面当中,由于需要设置播放音乐能够暂停,故添加两个 image 控件,功能分别为播放和暂停,如图 3-6 所示。

图 3-5　Windows Media Player 控件的调用

图 3-6　Windows Media Player 控件的设计

其中,Windows Media Player 控件需要设置其"Visible"属性值为 False,使其播放时不显示。Windows Media Player 控件中添加主要代码为:

Private Sub Form Load ()

WindowsMediaPlayer1.URL ="E:\歌曲\KuGou\背景音乐.mp3"

WindowsMediaPlayer1.Controls.play

End Sub

Private Sub Image3_Click()

WindowsMediaPlayer1.Controls.play

End Sub

```
Private Sub Image4_Click()
    WindowsMediaPlayer1.Controls.pause
End Sub
```

3.2.2.2 动画效果设计

3.2.2.2.1 地球公转图动画

在多媒体课件教学中,利用动画可动态地模拟演示一些事物的发展变化过程,使许多抽象或难以理解的教学内容变得生动有趣、易于理解,可以达到事半功倍的效果。

动画在多媒体课件教学中的作用日益明显,它为教师开辟了更广阔的创新空间,并使学生的课堂学习如虎添翼。它能将教育信息通过多彩的图、文、声、像等形式,直观、形象、生动地作用于学生的感觉器官,使学生在丰富的感性材料刺激下产生自主学习的兴趣;也使教师的教学变得更加生动活泼,优化了教学的过程,提高了效率,增强了效果。尽管动画在传递教学信息方面有很强的表现力,但是,要制作出精美、适用的动画,花费的代价较高,而且技术要求高。

GIF 动画格式文件是一种动态存储的图形格式文件,在内容相同的条件下,与其他格式文件相比,它占用的存储空间少,且制作手段成熟,可浏览的软件工具也很多,所以倍受设计者的青睐。然而令人遗憾的是,在 VB 中,无论是多媒体控件 MCI、MCIWnd,还是 Animation 控件,甚至调用 Windows API 函数都无法播放 GIF 格式的动画文件,造成这一现象的原因在于 GIF 动画格式文件不是 VB 多媒体控件所支持的视频格式文件,以往的解决方法,首先是利用一些格式转换工具,比如 GIFMovieGear 将 GIF 格式的动画文件转换为 AVI 格式的动画文件,然后再用多媒体控件 MCI 或 MCIWnd 进行播放,但这种做法主要存在以下两个缺陷:

(1) 所形成的 AVI 格式动画文件太大(常常是 GIF 格式文件的几十倍),从而影响系统的效率。

(2) 所形成的 AVI 格式动画文件往往带有比较复杂的调色板信息,所以当程序在播放这种 AVI 格式动画文件时,如果还兼有动态显示的文字和图像信息,则整个画面就会产生抖动和闪烁,从而使显示效果大受影响。

为解决这个问题,在此提出一个全新的处理方案,即通过在 VB 中调用 IE 浏览器来实现 GIF 动画的播放,实际使用表明效果甚好。

众所周知,运行 VB6.0 需要安装浏览器 IE4.0 或以上版本,当 IE4.0 和 VB6.0 安装完成后,便可以在 VB6.0 中使用 IE 所提供的 WebBrowser 控件播放 GIF 动画了。具体方法为:

(1) 由于 WebBrowser 控件并不是 VB 的基本控件,因此在使用该控件之前必须先将其装入工具箱中。装入方法:在工具箱中点击鼠标右键→选中"部件"→复选 Microsoft Internet Controls→点击"确定"键即可。

(2)选取 WebBrowser 控件,添加到窗体的相应位置上。

(3)设计相应代码,通过使用 WebBrowser 控件的 Navigate 方法播放 GIF 动画文件。

```
Private Sub Form Load()
    Dim pic As PictureBox
    Dim pic2 As PictureBox
        Set pic = Controls.Add("VB.PictureBox","pic")
        Dim mywidth As Long, myheight As Long
        Dim mywidth2 As Long, myheight2 As Long
        mywidth=ScaleX(GetSystemMetrics(SM_CXVSCROLL),vbPixels)
        myheight=ScaleY(GetSystemMetrics(SM_CYHSCROLL),vbPixels)
        With WebBrowser1
            pic.Move.Left,.Top,.Width-mywidth,.Height-myheight
            Set WebBrowser1.Container = pic.Move -ScaleX(2,vbPixels),
            -ScaleY(2,vbPixels)
        End With
        pic.Visible=True
    WebBrowser1.Navigate "E:\学习资料\毕业设计\vb 多媒体课件\地
    球公转图.gif"
End Sub
```

设计效果如图 3-7 所示。

3.2.2.2.2　标题动态效果

SWiSHmax 是 Swish 的新版本,也就是 Swish3,现在程序更名为 SWiSHmax。新版本已经可以完全支持 Flash MX 的语法,且新版本做了大量的改进,功能强劲,可以更快速更简单地在网页中加入 Flash 动画,有超过 150 种可选择的预设效果。

SWiSH 是一个快速、简单且经济的方案,可以在网页中加入 Flash 动画,只要点几下鼠标,就可以加入让网页在众多网站中脱颖而出的酷炫动画效果,还可以创造形状、文字、按钮以及移动路径,也可以选择内建的超过 150 种诸如爆炸、旋涡、3D 旋转以及波浪等预设的动画效果。

对于主界面标题动态文字的设计,在 SWiSHmax 软件中书写文字"大地测量学基础多媒体课件",如图 3-8 所示。

图 3-7 地球公转图动态效果设计

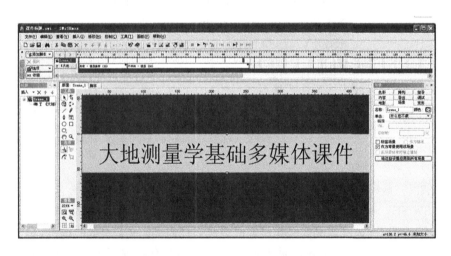

图 3-8 在 SWiSHmax 中编写动态标题文字

在编写完文字之后,即可对文字特效进行设置,点击插入—效果—显示到位置—疯狂—打字,设置完文字的动画效果,即可对动画进行输出。SWiSHmax默认的输出格式为 SWF 和 AVI 格式,如图 3-9 所示。

由于 VB 的 WebBrowser 控件不支持 SWF 格式的动画,因此,需要将生成的 SWF 格式转换为 GIF 格式。使用 Magic Swf2Gif 软件即可使 SWF 格式转换为 GIF 格式,如图 3-10 所示。

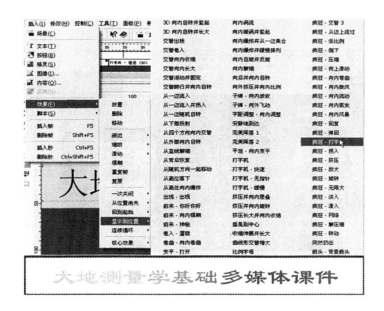

图 3-9　设置文字动画及其运行效果图

图 3-10　将 SWF 格式转换为 GIF 格式

在主界面的底部设计了江苏海洋大学的主楼图片,综上所述,主界面的总体设计如图 3-11 所示。

图 3-11　主界面图

3.3　子菜单设计与开发

3.3.1　子界面设计与开发

在主界面设计的时候,添加了 8 个按钮,如图 3-11 所示,分别对应课程教学大纲内容要求的 8 章节内容,点击可进入每个章节课件内容的演示。其中,8 个章节每一章分别设计一个窗体。在每一章的课件演示中,由于一个窗体一次不能显示全部内容,需要分多页进行显示,为了使窗体个数不能太多,所以设计每一章只有一个窗体,可以对窗体的内容设置显示和隐藏,这样,点击子窗体中的超链接时可以显示所需的内容而隐藏不需要的内容,使一个窗体能分页显示出本章内容。

每一个子窗体的设计也应做到界面美观,内容简洁明了,同时也要涵盖该章节的重点内容。对于背景图片的选取,则需要不同于主界面的背景,以产生视觉效果,吸引学生的注意力。以下以 3 个章节作为设计示例详细阐述。

3.3.1.1　第一章　绪论

第一章的主要内容较少,一个页面几乎可以容纳,所以选择重点内容设计一页。多媒体课件需要把文字、动画、声音等融合进去,在页面的左上角使用

WebBrowser 控件添加一个地球自转动画,使其在课件运行的时候能不停地自转。对于本章第二个内容"大地测量学的基础体系":几何大地测量学、物理大地测量学、空间大地测量学则使用了红色字体,并带下划线,代表了点击可执行超链接效果,点击之后在 Frame 框中出现解释性文字。而且当点击哪个标签时,Frame 标题也会出现对应的标题文字。Frame 框在启动时是隐藏的,只有点击超链接的时候才会出现,在图片上进行单击,则 Frame 框消失,产生良好的互动动画效果。点击页面下方的"返回主菜单"按钮,则返回到 Form0 主界面。第一章的界面设计和运行图如图 3-12 所示。

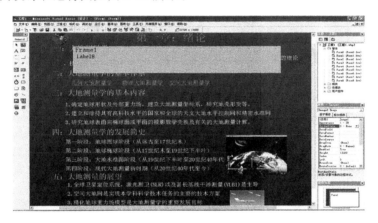

图 3-12　第一章界面设计和运行图

其中,以超链接"空间大地测量学"为例,其实现代码为:

```
Private Sub Label7_Click()
    Frame1.Visible＝True
    Frame1.Caption＝"空间大地测量学"
    Label8.Caption ＝"空间大地测量学主要研究以人造地球卫星及其他
    空间探测器为代表的空间大地测量的理论、技术与方法。"
End Sub
```

3.3.1.2　第三章　地球形状基础理论

第三章主要内容较多,总体可分为四方面内容:大地测量基准面、测量坐标系、高程系统、垂线偏差和大地水准面差距。左上角使用 WebBrowser 控件添加一个地球自转动画。总体设计如图 3-13 所示。

点击标题下面的每个标签,都会出现相应的课件内容,同时,上一页显示的内容将隐藏。当点击"测量坐标系"和"高程系统"标签时,将出现如图 3-14～图 3-16 所示界面。

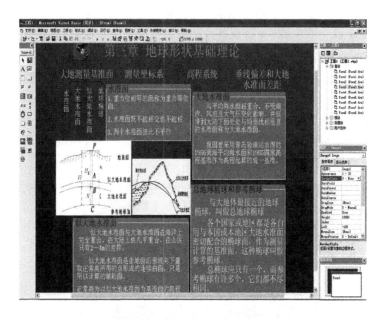

图 3-13 第三章界面总体设计图

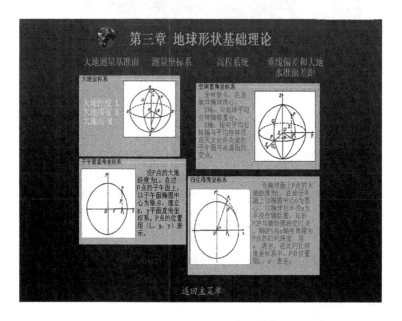

图 3-14 第三章课件运行示例 1

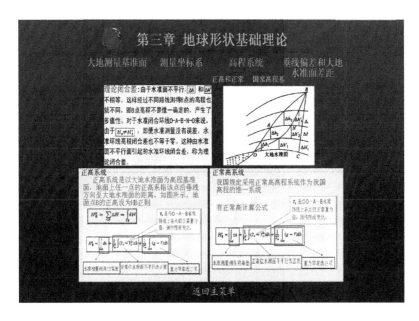

图 3-15 第三章课件运行示例 2

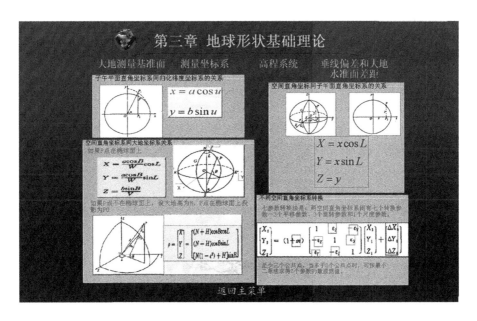

图 3-16 第三章课件运行示例 3

当点击页面下方的"返回主菜单"按钮时,将显示 Form0 主界面。

点击 Label4 即"高程系统"标签实现功能,其主要代码为:

```
Private Sub Label4_Click（）
    Image17.Visible＝True
    Label33.Visible＝True
    Label34.Visible＝True
    Image18.Visible＝True
    Image19.Visible＝True
    Frame14.Visible＝True
    Frame13.Visible＝True
    Image17.Height＝255
    Image17.Left＝11760
    Image17.Top＝2420
    Image17.Width＝2295
    Label33.Height＝375
    Label33.Left＝10800
    Label33.Top＝2660
    Label33.Width＝1815
    Label34.Height＝375
    Label34.Left＝13080
    Label34.Top＝2660
    Label34.Width＝1815
    Image18.Height＝3855
    Image18.Left＝4800
    Image18.Top＝3140
    Image18.Width＝6015
    Image19.Height＝3855
    Image19.Left＝11400
    Image19.Top＝3140
    Image19.Width＝5175
    Frame13.Height＝5415
    Frame13.Left＝3360
    Frame13.Top＝7100
    Frame13.Width＝7215
```

Frame14.Height＝5415

Frame14.Left＝10680

Frame14.Top＝7100

Frame14.Width＝7455

End Sub

其中,在编写代码的时候,需要将页面中其他的很多标签隐藏。

Label6.Visible＝False;Label7.Visible＝False;Label8.Visible＝False

Label9.Visible＝False;Frame1.Visible＝False;Frame2.Visible＝False

Frame3.Visible＝False;Frame4.Visible＝False;Image3.Visible＝False

Image5.Visible＝False;Frame5.Visible＝False;Frame6.Visible＝False

Frame7.Visible＝False;Frame8.Visible＝False;Label28.Visible＝False

Frame9.Visible＝False;Frame10.Visible＝False;Frame11.Visible＝False

Frame12.Visible＝False;Image17.Visible＝True;Label33.Visible＝True

Label34.Visible＝True;Image18.Visible＝True;Image19.Visible＝True

Frame14.Visible＝True;Frame13.Visible＝True;Frame15.Visible＝False

Frame16.Visible＝False;Image24.Visible＝False;Frame17.Visible＝False

Label47.Visible＝False;Image26.Visible＝False;Image27.Visible＝False

3.3.1.3　第七章　高程控制测量

高程控制测量主要内容与实践教学相关,多媒体课件页面应注重体现实验图片,增强实践性,设计遵循多样性,避免课件设计单调,故第七章多媒体页面设计示例如图 3-17、图 3-18 所示。

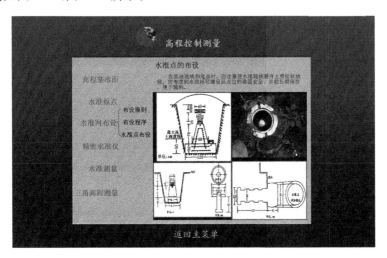

图 3-17　第七章课件设计和运行示例 1

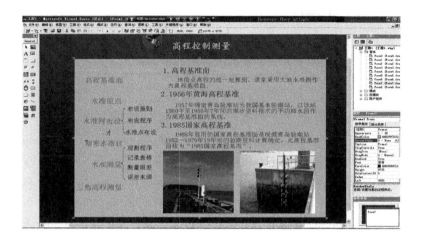

图 3-18 第七章课件设计和运行示例 2

3.3.2 动画效果的设计与开发

VB 具有很强的程序编写功能,使用 VB 可以对多媒体课件中的图片文字等进行程序编写,使之产生适当的动画效果。

3.3.2.1 地球圆周转动程序设计

在第二章的多媒体课件中,界面的左上角设计了一个地球圆周运动的动画,现介绍如何以编程形式实现动画制作。首先添加地球资料图片,设计其旋转的圆心坐标和半径,设置 Timer 控件的时间间隔,并编写圆的运动函数,赋值给该地球图片,即可得到地球圆周运动的动画效果。其运行效果截图如图 3-19 所示。

其实现代码为:

```
Private Sub Form Load ()
      Timer1.Interval=50
      pi=3.14
      Jiao=pi/32
      x0=Form2.Width/2
      y0=Form2.Height/2
      r=Sqr((x0-5000)^2+(y0-6000)^2)
End Sub
Private Sub Timer1_Timer()
      Dim x As Double,y As Double
          If jiao>=2 * pi Then
              jiao=0
```

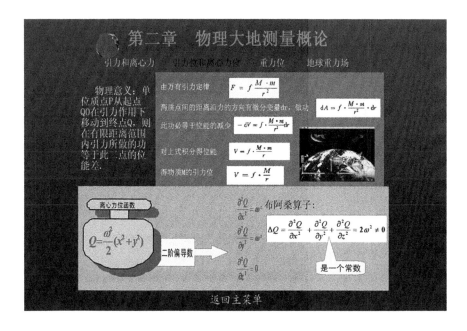

图 3-19　地球圆周运动程序设计运行图

```
    End If
x＝x0－5000＋(r－3000) * Cos(jiao＋0.52782)
y＝y0＋(r－3000) * Sin(jiao＋0.52782)－4000
ucAniGIF1.Left＝x
ucAniGIF1.Top＝y
jiao＝jiao＋pi/32
End Sub
```

3.3.2.2　文字飞入动画效果设计

在普通的 PPT 课件演示当中,单击某一超链接,可以设置文字飞入课件中,或者其他特效。在 VB 多媒体课件中,只能通过程序编写方式实现这一特效。下面以单击某一超链接实现 Frame 框从上而下飞入的效果,其运行截图如图 3-20 所示。

首先设置好 Frame 框的大小,并量取其顶至界面顶端的距离。其实现代码为:

```
Private Sub Form_Load()
    Frame12.Top＝－2250
End Sub
Private Sub Label4_Click()
```

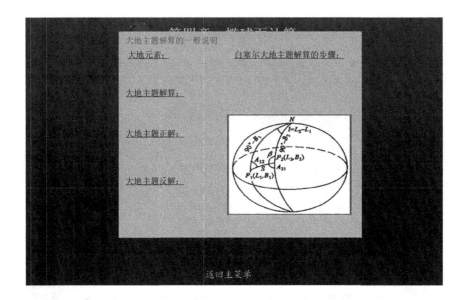

图 3-20 Frame 框从上飞入程序设计运行截图

Frame12.Visible＝True

Timer1.Interval＝1

Frame12.Height＝10395：Frame12.Left＝4860

Frame12.Top＝2240：Frame12.Width＝12555

End Sub

Private Sub Timer1_Timer()

    If s＜＝2200 Then

        Frame12.Top＝s

        s＝s＋100

    End If

    If s＝2200 Then

        If s2＜＝2300 Then

            Frame12.Top＝2240；Frame12.Height＝10395

            Frame12.Left＝4860；Frame12.Width＝1255

        End If

    End If

End Sub

3.3.3 视频插入设计与开发

多媒体课件中,视频效果必不可少,它是区别于普通 PPT 课件的显著特点,可实现声像最佳结合,把较复杂的内容通过动画等演示出来,既极大地激发学生学习兴趣,又有利于深入掌握所学知识内容。

大地测量学基础作为一门应用性很强的学科,很多同学对其基本理论和方法概念模糊,尤其对于基础较差的学生,视频可起到无可代替的作用。如第五章分带投影中插入了一个讲解视频(图 3-21),使同学们可以很好地理解分带投影的内容。

在 VB 中,支持动画的控件是 Windows Media Player,在界面中添加 Windows Media Player 控件,设置其"Visible"属性为"False",当点击"演示"按钮时,"Visible"属性设置为"True"。其运行效果如图 3-21 所示。

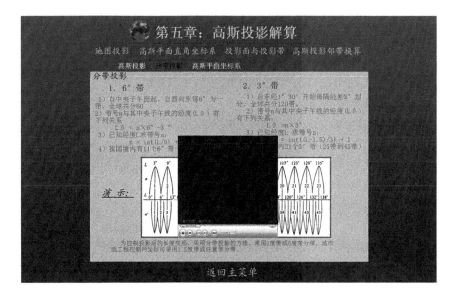

图 3-21 分带投影视频运行截图

其实现代码为:

```
Private Sub Label67_Click()
    WindowsMediaPlayer1.Visible=True
    WindowsMediaPlayer1.URL="分带投影.wmv"
    WindowsMediaPlayer1.Controls.play
End Sub
```

3.3.4 文字变色效果设计与开发

在多媒体课件设计中,为了使课件的文字也具有动态效果,除了使用超链接形式的文字效果之外,可以设计当运行中鼠标滑过文字时使其变色,当鼠标滑过之后文字恢复原来的颜色。以每一章的"返回主菜单"按钮为例:原始字体颜色为绿色,当鼠标滑过的时候,其颜色变为黑色,当鼠标滑过之后,其颜色又变为绿色。其运行效果如图 3-22 所示。

图 3-22 鼠标滑过文字变色程序设计运行截图

其实现代码为:

```
Private Sub label2_MouseMove(Button As Integer,Shift As Integer,x As
Single,y As Single)
        Label2.ForeColor=&.H80000012
End Sub
Private Sub image1_MouseMove(Button As Integer,Shift As Integer,x
As Single,y As Single)
        Label2.ForeColor=&.HFF00&.
End Sub
```

在整个多媒体课件设计之中,主要文字使用变色效果,可使课件演示文字时不至于很单调,起到较好的效果。

3.4 快捷菜单设计与开发

3.4.1 Escape 键使用设计与开发

在进行多媒体课件设计时,每一章为一个窗体,不仅要考虑课件内容和界面的设计,还要考虑其操作的方便性。当进行章节课件演示的时候,如果想退回到主界面,可以点击界面下方的"返回主菜单"按钮,也可以设计使用键盘的Escape 键完成此操作。设计使用快捷键可以使操作方便并且人性化。该设计的具体思路是获得 Escape 键的 ASCII 码而实现其快捷操作。其中 Escape 键的ASCII 码值为 27。其实现代码为:

```
Private Sub Form_KeyPress(Key ASCII As Integer)
    If Key ASCII＝27 Then
            Form0.Show
    End If
End Sub
```

3.4.2　右键菜单的设计与开发

在使用 Windows 操作系统和其他应用程序的时候,常常会出现右键快捷菜单,使操作更加方便。大地测量学基础多媒体课件设计中,可通过编程方式创建右键菜单。考虑该课件的具体情况,设计的右键菜单只有两项:返回主菜单和退出。当进行课件演示的时候,在空白区域点击鼠标右键,将出现菜单,点击"返回主菜单",则显示 Form0 窗体,其功能和 Escape 键的功能一样;点击"退出",则退出课件。

在 VB 程序设计中,可使用菜单编辑器制作文件菜单和右键菜单,选择标准栏中的"工具-菜单编辑器"进入菜单编辑器界面,在菜单编辑器中可对相应菜单进行编辑,如图 3-23 所示。

图 3-23　使用菜单编辑器制作右键菜单

其中,返回主菜单的名称为 back,退出的名称为 exit。完成菜单编辑,编程主要代码为:

```
Private Sub Image1_MouseDown(Button As Integer, Shift As Integer, x
As Single, y As Single)
    If Button＝2 Then
        Form0.PopupMenu mnufile, 0, x, y
    End If
End Sub
Private Sub exit_Click()
    Unload Me
End Sub
```

通过编程可实现右键菜单的制作,运行结果如图 3-24 所示。

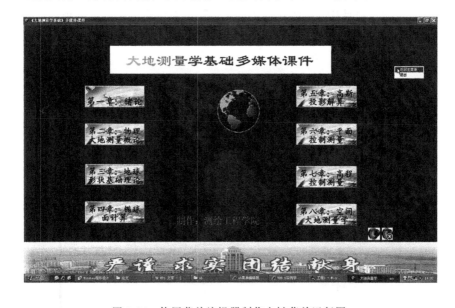

图 3-24　使用菜单编辑器制作右键菜单运行图

使用菜单编辑器进行右键菜单的编辑操作虽然简单,但实际上此设计有 9 个窗体,如果每个窗体都使用菜单编辑器进行右键菜单的制作,其工作比较烦琐,而且价值不大。可以通过 VB 程序和 Windows 系统的自带函数进行右键菜单的设计与制作。首先新建模块,在模块中进行系统函数的声明和制作右键菜单代码编写,然后在每个窗体中编写一段代码对模块中的函数进行调用,实现右键快捷菜单的制作。

3.4.2.1 API 函数的声明

API 的英文全称为 application programming interface,用标准的定义来讲,API 就是 Windows 的 32 位应用程序编程接口,是一系列很复杂的函数、消息和结构。简单来讲,VB 中使用的 API 函数就是使用 VB 调用系统的一些功能。Win32 API 也就是 Microsoft Windows 32 位平台的应用程序编程接口。

API 函数中使用的数据类型基本上和 VB 中一样,但 Win32 的 API 函数中不存在 Integer 数据类型。另外,在 API 函数中看不到 Boolean 数据类型。Variant 数据类型在 API 函数中是以 Any 的形式出现,如 Data As Any。尽管其含义是允许任意参数类型作为一个该 API 函数的参数传递,但这样做存在一定的缺点:这将使得对目标参数的所有类型检查都会被关闭。这自然会给各种类型的参数调用带来产生错误的机会。

在 VB 中,不能直接调用 API 函数,必须遵循"先声明后使用"的原则,否则会出现"子程序或函数未定义"的错误信息。

(1) API 函数的声明要用到 Declare 语句,如果该 API 函数有返回值,则其声明为 Function;如果没有返回值,则其声明为 Sub。

(2) 如果该 API 函数为多个窗体共用,则应将其定义在模块(Module)中,一般以 Public 开头,如:Public Declare Function EnumWindows Lib "user32"(ByVal lpEnumFunc As Long,ByVal lParam As Long) As Long;如果该 API 函数只为一个窗体使用,则可在该窗体的通用声明中声明,以 Private 开头即可。

(3) 在 Declare 语句中,Lib 关键字用来指明该 API 函数属于哪个 DLL,作用是告诉 VB 如何找到这个 API。如果调用的 DLL 库文件属于 Windows 的核心库(User32、Kernel32、GDI32),可以不包括文件扩展名。

(4) VB 以地址方式传递参数,只传递数据的地址,不传递实际的参数值,而许多 API 函数要求以值传递方式传递参数,如果调用的 API 函数以值传递,则需在参数声明前加上 ByVal 关键字。

标准模块(文件扩展名为.BAS)是应用程序内其他模块访问的过程和声明的容器。它们可以包含变量、常数、类型、外部过程和全局过程的全局声明或模块级声明。写入标准模块的代码不必绑在特定的应用程序上,如果不小心用名称引用窗体和控件,则在许多不同的应用程序中可以重用标准模块。

综上所述,由于大地测量学基础课件有很多窗体,可以添加一个模块,用于声明 API 函数。点击 VB 标准界面的 按钮,添加模块 1,主要代码为:

```
Option Explicit
Public Declare Function CreateMenu Lib "user32" () As Long
Public Declare Function AppendMenu Lib "user32" Alias "AppendMenuA"
```

(ByVal hMenu As Long,ByVal wFlags As Long,ByVal wIDNewItem As Long,By-Val lpNewItem As Any) As Long

Public Declare Function TrackPopupMenu Lib "user32" (ByVal hMenu As Long, ByVal wFlags As Long,ByVal x As Long,ByVal y As Long,ByVal nReserved As Long,ByVal hWnd As Long,lprc As RECT) As Long

Public Declare Function CreatePopupMenu Lib "user32" () As Long

Public Declare Function SetWindowLong Lib "user32" Alias "SetWin-dowLongA" (ByVal hWnd As Long, ByVal nIndex As Long, ByVal dwNewLong As Long) As Long

Public Declare Function CallWindowProc Lib "user32" Alias "CallWin-dowProcA" (ByVal lpPrevWndFunc As Long,ByVal hWnd As Long, ByVal Msg As Long, ByVal wParam As Long,ByVal lParam As Long) As Long

Public Declare Function GetWindowLong Lib "user32" Alias "GetWin-dowLongA" (ByVal hWnd As Long,ByVal nIndex As Long) As Long

Public Declare Function GetCursorPos Lib "user32" (lpPoint As POINTAPI) As Long

Public Const MF_STRING=&.H0&.

Public Const MF_POPUP=&.H10&.

Public Const WM_USER=&.H400

Public Type RECT
    Left As Long
    Top As Long
    Right As Long
    Bottom As Long
End Type

Public Type POINTAPI
    x As Long
    y As Long
End Type

Public Const GWL_WNDPROC=(-4)

Public hMenu As Long

Public hmenupopup As Long

Public result As Long

Public oldwinproc As Long

Public Const WM_COMMAND＝&H111

3.4.2.2　窗口消息处理程序

进行 Windows 程序设计,实际上是在进行一种对象导向的程序设计,这种对象正是 Windows 之所以命名为"Windows"的原因,它具有人格化的特征,这就是那个"窗口"。桌面上最明显的窗口就是应用程序窗口,这些窗口含有显示程序名称的标题列、菜单甚至可能还有工具列和滚动条;另一类窗口是对话框,它可以有标题列也可以没有标题列。作为对象,使用者会在屏幕上看到这些窗口,并通过键盘和鼠标直接与它们进行交互操作。

消息,就是指 Windows 发出的一个通知,告诉应用程序某个事情发生了。例如,单击鼠标、改变窗口尺寸、按下键盘上的一个键都会使 Windows 发送一个消息给应用程序。所谓"Windows 给程序发送消息"是指 Windows 呼叫程序中的一个函数,该函数的参数描述了这个特定消息。这种位于 Windows 程序中的函数称为"窗口消息处理程序"。消息本身是作为一个记录传递给应用程序的,这个记录中包含了消息的类型以及其他信息。窗口消息在 Windows 单元中是这样声明的:

LRESULT CALLBACK WndProc (HWND hwnd, UINT message, WPARAM wParam,LPARAM lParam)

参数说明:

hwnd:指 32 位的窗口句柄。窗口可以是任何类型的屏幕对象,因为 Win32 能够维护大多数可视对象的句柄。

message:用于区别其他消息的常量值,这些常量可以是 Windows 单元中预定义的常量,也可以是自定义常量。

wParam:通常是一个与消息有关的常量值,也可能是窗口或控件的句柄。

lParam:通常是一个指向内存中数据的指针。由于 WParam、lParam 和 Pointer 都是 32 位的,消息常量可以是 Windows 特有的消息常量标识符。

Windows 的消息系统是由 3 个部分组成的。① 消息队列。Windows 能够为所有的应用程序维护一个消息队列。应用程序必须从消息队列中获取消息,然后分派给某个窗口。② 消息循环。通过这个循环机制应用程序从消息队列中检索消息,再把它分派给适当的窗口,然后继续从消息队列中检索下一条消息,再分派给适当的窗口,依次进行。③ 窗口过程。每个窗口都有一个窗口过程来接收传递给窗口的消息,它的任务就是获取消息然后响应它。窗口过程是一个回调函数;处理了一个消息后,它通常要返回一个值给 Windows。

程序通常不直接呼叫窗口消息处理程序,窗口消息处理程序通常由 Windows 本身呼叫。通过呼叫 SendMessage 函数,程序能够直接呼叫它自己的窗口消息处理程序。

　　窗口消息处理程序所接收的每个消息均是用一个数值来标识的，也就是传给窗口消息处理程序的 message 参数。Windows 表头文件 WINUSER.H 为每个消息参数定义以"WM"（窗口消息）为前缀开头的标识符。

　　一般来说，Windows 程序写作者使用 switch(Select) 和 case 结构来确定窗口消息处理程序接收的是什么消息，以及如何适当地处理它。窗口消息处理程序在处理消息时，必须传回 0。窗口消息处理程序不予处理的所有消息应该被传给名为 DefWindowProc 的 Windows 函数。从 DefWindowProc 传回的值必须由窗口消息处理程序传回。

　　定义完 API 函数，即可对右击弹出菜单进行程序设计，点击鼠标右键，出现菜单，点击"返回主菜单"，则显示 Form0 窗体。当点击"退出"按钮时，则退出课件。该功能可以通过一个模块实现，点击 VB 标准界面的 按钮，新建一个模块，在模块 2 中编写代码为：

Public Function OnMenu(ByVal hWnd As Long, ByVal wMsg As Long, ByVal wParam As Long, ByVal lParam As Long) As Long

```
    Select Case wMsg
        Case WM_COMMAND
            Select Case wParam
                Case 301'返回主菜单
                    Form0.Show
                Case 302'结束
                End
            End Select
        End Select
        OnMenu=CallWindowProc(oldwinproc, hWnd, wMsg, wParam, lParam)
End Function
```

3.4.2.3　右键菜单的制作

　　右键菜单的制作可以通过代码编写，必须创建以下几个函数：

　　(1) CreateMenu() 函数：该函数创建一个菜单。菜单初始时是空的，但可以利用 InsertMenuItem、AppendMenu 和 InsertMenu 函数来填充菜单条目。

　　(2) CreatePopupMenu() 函数：该函数创建一个弹出菜单。

　　(3) AppendMenu() 函数：该函数在指定的菜单条、下拉式菜单、子菜单或快捷菜单的末尾追加一个新菜单项，此函数可指定菜单项的内容、外观和性能，它有 2 个参数。

　　① hmenu 参数：将被修改的菜单条、下拉式菜单、子菜单或快捷菜单的

句柄。

②　MF_STRING 参数:指定菜单项是一个正文字符串;参数 lpNewItem 指向该字符串。

(4) GetCursorPos p 函数:用于获得鼠标的位置。

(5) GetWindowLong()函数:用于获得指定窗口的信息。其有 2 个参数。

①　hWnd 参数:用于指定窗口的句柄。

②　int nIndex 参数:需要获得的信息的类型。

(6) SetWindowLong 函数:用于修改给定窗口的一个属性。该函数还在给定窗口的附加窗口内存中的指定偏移量处设置一个 32 位(长)值。

在 VB 中类模块(文件扩展名为.CLS)是面向对象编程的基础,可在类模块中编写代码建立新对象,这些新对象可以包含自定义的属性和方法。实际上,窗体正是这样一种类模块,在其上可安放控件、可显示窗体窗口。

这些函数可以通过创建一个类模块,写在类模块之中,方便以后每个窗体程序的调用。在 VB 标准工具栏中点击 按钮,添加一个类模块 Class1,在类模块中添加主要代码为:

```
Public hh As Long
Public Sub fl()
    hMenu=CreateMenu()
    hmenupopup=CreatePopupMenu()
    result=AppendMenu(hmenupopup,MF_STRING,301,"返回主菜单")
    result=AppendMenu(hmenupopup,MF_STRING,302,"退出")
    result=AppendMenu(hMenu,MF_POPUP,hmenupopup,"&File")
    oldwinproc=GetWindowLong(hh,GWL_WNDPROC)
    SetWindowLong hh,GWL_WNDPROC, OnMenu
End Sub
Public Sub pop(ByVal bu As Integer)
    Dim r As RECT
    Dim p As POINTAPI
    If bu=2 Then
        GetCursorPos p
        TrackPopupMenu hmenupopup,0,p.x,p.y,0,hh,r
    End If
End Sub
Public Sub endc()
```

```
    SetWindowLong hh,GWL_WNDPROC,oldwinproc
End Sub
Public Sub fuzhi(ByVal xx As Long)
    hh＝xx
End Sub
```

3.4.2.4　模块函数的调用

在模块和类模块中对右键菜单进行了设计和函数及变量声明之后,则可以在窗体中编写代码调用模块中的函数,以创建右击菜单,在每一章中均设计弹出右击菜单,添加主要代码为:

```
Dim c1 As Class1
Private Sub Form_Unload(Cancel As Integer)
    c1.endc
End Sub
Private Sub Image1_MouseDown(Button As Integer,Shift As Integer,
x As Single,y As Single)
    c1.pop (Button)
End Sub
Private Sub Form_Load()
    Set c1＝New Class1
    c1.fuzhi (Me.hWnd)
    c1.fl
End Sub
```

编程完成,即可实现右键菜单功能,右键菜单如图 3-25 所示。

图 3-25　运行中使用右键菜单图

3.5 系统调试与编译

3.5.1 程序调试

在应用程序中查找并修改错误的进程称为调试。为了分析应用程序的操作方式,VB 中提供了几种调试工具,这些调试工具可以跟踪程序进行、验证中间过程的正确性、检查变量变化的情况。调试工具的主要功能为:

(1)逐语句。单步执行应用程序代码的下一个可执行语句。如果该行有过程,则跟踪到过程中。当程序中断运行时,可以使用该功能逐行执行程序。

(2)逐过程。执行应用程序代码的下一个可执行过程,但不跟踪过程。

(3)跳出。执行当前过程的其他部分,并返回到调用该过程的下一行处中断。

(4)本地窗口。显示局部变量的当前值。

(5)立即窗口。当应用程序处于中断模式时,允许执行代码或查询值。

(6)监视窗口。显示选定表达式的值。

(7)快速监视。当应用程序处于中断模式时,列出表达式的当前值。

(8)在 VB 程序调试时,经常用到 Debug 对象。Debug 对象可以在立即窗口中显示调试信息或中断程序运行。

在进行大地测量学基础多媒体课件的制作时,需要经常进行程序调试,以检验程序编写的正确性。若程序编写错误,在程序调试时系统将以黄色部分显示并提示错误信息,在一定程度上极大地方便了程序编写和对 VB 系统编程的掌握。

对课件进行调试过程中,发现 Form0 中的最小化和还原按钮不能实现效果,查看了很多资料之后终于分析出原因。因为在 Form0 中的 Resize 事件中添加了 Form0.WindowState=2 使得主界面不能最小化。将其代码剪切至 Form0 的 Form Load 事件即可实现最大化和最小化功能。

在课件整体界面设计、功能和程序编程设计完成后,集中将课件的整体内容和外观表现向师生展示,全面征集并得到多方面建议,如课件的文字较小、幻灯片演示时不清楚、多媒体课件应做到文字精简、多添加图片和动画效果,等等,然后对多媒体课件进行全面修改完善,直至获得师生认可,达到全面开展教学指导与自主学习的要求。

3.5.2 程序编译

编译过程的最终结果是将应用程序的工程结构,包括所有的在项目文件中引用的文件合成为一个可执行文件,将应用程序文件和数据文件一起发布给用户,用户可以运行该应用程序。

建立应用程序的具体步骤是:先测试项目,然后将项目连编成一个应用程序文件。

单击 VB 中的"文件"菜单下的"生成工程 1.exe"菜单项,在弹出的"生成工程"对话框中,选择生成的可执行文件的存放路径,并输入可执行文件的名称,然后单击"确定"按钮,如图 3-26 所示。

图 3-26　文件输出

3.5.3　程序打包

为了适应学生学习,要求大地测量学基础多媒体课件开发出来的应用程序能安装到任何其他用户机或终端上,并可由相应用户对程序进行修改。系统中聚集了大量的相关图片、动画、音像等资料,在打包的过程中将资料帮助文件一起加入,连接资料来源需完整路径,为此,利用打包和展开向导来完成应用程序打包和散发操作,打包结束后,可以在任何媒体平台上安装运行。

3.6　本章小结

大地测量学基础多媒体课件系统是根据软件工程原理与方法进行编制的,采用了面向对象的可视化的高级程序设计 VB 语言编程完成,基于课程教学大纲章节内容要求,用面向对象进行模块化分解,以模块间低耦合、模块内高内聚为原则,充分利用 VB、Flash 及 Word 实现集成开发,经过总体结构设计、章节设计、各个功能模块的详细设计、系统编码、调试、组装、试运行、运行和系统维护,完成了课件制作目标。

　　大地测量学基础多媒体课件基于 OBE 教育理念,以学生为中心,致力于测绘工程专业工程教育认证和国家级一流专业建设,加强主干课程学习资源建设,集中展现课程教学目标内容,力求目标明确、成果导向、重点突出、难点易懂,做到师生满意、整体美观、细部拓展、过目起意,有利于课程教学的指导引领、激情导航、重点解惑、创新倡意,更有利于课程学习的自主引证、内容理解、问题思考、总结提高。

4　课程试题库系统建设与管理

4.1　系统总体设计

4.1.1　系统设计

4.1.1.1　系统目标设计

试题库系统属于教育教学考核软件,要使其能很好地发挥作用,不仅应体现课程教学目标,反映毕业要求的达成度,还应符合教育规律、适应教育需求,有必要的辅助系统协助其完成教育测试任务。因此,在试题库内容切实支持毕业要求达成的前提下,将教育模式、软件工程、人工智能以及多媒体技术有机结合,充分考虑到系统使用者的具体要求。按照系统主要功能,将其划分为用户管理、试题管理和试卷管理等 3 个部分;按照系统开发项目将其分为表、表单、菜单、程序等几个部分。其系统主要功能有:

(1) 用户信息的添加、修改、删除及密码设置。

(2) 试题录入与更新。

(3) 试题编辑与调整。

(4) 人工组卷与自动组卷。

(5) 试卷生成、浏览、打印等。

4.1.1.2　系统功能模块划分

项目或科目不同,系统的功能也不尽相同,现针对大地测量学基础试题库系统进行模块划分,如图 4-1 所示。

4.1.2　数据库设计

开发数据库应用程序的第一步是设计系统的数据库和数据表结构,数据库设计包括数据库的需求分析和逻辑实现。试题库作为数据库管理系统的一种应用,数据库的设计非常重要。

4.1.2.1　数据库需求分析

试题库系统主要功能是试题信息存储、查询、统计和维护以及实现档案管理等。在数据库中,分别用一张数据表来保存其对应的信息,因此,根据试题库的

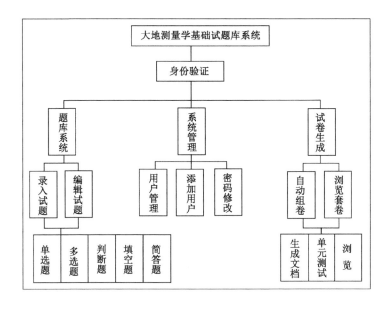

图 4-1　大地测量学基础试题库系统功能模块图

需要建立多张表单。

大地测量学基础试题库信息需 6 张表单。由于试题信息里有多种题型,每种题型里的字段都不相同,如果放在一起,必然会导致数据的冗余,这里利用多张表,每张表代表一种题型,包括单选题、填空题、多选题、名词解释、简答题、判断题等,包括内容有题号、难度、分值、题目、答案等。

套卷信息表包括套卷编号、套卷名称和已录入题目信息等。

用户信息表包括用户名及密码。

4.1.2.2　数据库概念设计

依据数据需要,设计数据库的概念模式,采取实体联系图(E-R)把概念模式表现出来。单项选择题实体 E-R 图如图 4-2 所示。

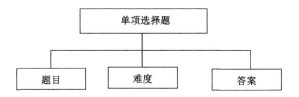

图 4-2　单项选择题实体 E-R 图

其他题型的实体图相似,改变名字即可。

用户信息实体 E-R 图如图 4-3 所示。

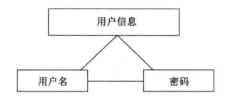

图 4-3　用户信息实体 E-R 图

套卷信息实体 E-R 图如图 4-4 所示。

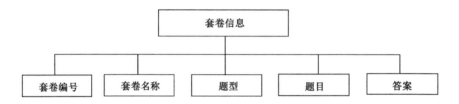

图 4-4　套卷信息实体 E-R 图

4.1.2.3　定义数据的结构

根据数据概念模式,确定数据的结构,如表 4-1、表 4-2 所列。

表 4-1　题型结构表

字段名称	数据类型	宽度	排序	说明
题号	数值型	5	升序	索引
难度	字符型	2		
分值	数值型	2		
题目	备注型	4		
答案	字符型	2		

表 4-2　套卷信息结构表

字段名称	数据类型	宽度	排序	说明
套卷编号	数值型	4	升序	
套卷名称	字符型	20		
套卷难度	字符型	2		

表 4-2(续)

字段名称	数据类型	宽度	排序	说明
大题号	数值型	2		
题型	字符型	14		
小题号	数值型	2		
难度	字符型	2		
题目	备注型	4		
答案	备注型	4		
分值	数值型	2		
题号	数值型	5	升序	

4.1.3　模块设计

4.1.3.1　登录模块

登录模块主要就是辨别来访用户是否具备资格进入系统,也就是判定用户账号、密码等信息是否正确,若正确则被允许进入系统进行操作,若不正确则无法进入系统。

4.1.3.2　录入试题模块

录入试题模块负责将输入的新试题保存到指定的题型中,包括题目的难度、分值、内容、答案等信息。

4.1.3.3　编辑试题模块

编辑试题模块是对已经录入的试题进行修改、删除、添加数据等操作。

4.1.3.4　自动组卷模块

自动组卷模块是让用户输入相关信息,如试卷号、试卷名称等,然后确定试卷的难度和题目数量,让计算机随机自动根据信息组成合理的成套试卷。

4.1.3.5　浏览套卷模块

浏览套卷模块负责把已生成的试卷信息显示在屏幕上,并且完成对试卷的打印及试卷生成 word 格式以方便阅读。

4.2　系统开发与管理

系统总体设计是为了系统能够最终实现。系统开发实现需要建立在充分的需求分析基础上,根据需求将系统划分成不同的功能模块,通过对不同功能模块进行设计开发,经过各功能整合在一起实现系统的整体功能,在系统功能实现的基础上,考虑系统性能需求,为系统的有效运行提供基础保证。

4.2.1 系统开发环境

系统运行需要一定平台和运行环境的支撑。软硬件系统是系统运行的基础,包括计算机平台、操作环境、运行测试环境等,系统运行环境条件有但不限于以下几点:

(1) 操作系统:采用适用范围较广的 Windows7 及以上版本。

(2) 开发平台:Eclipse。

(3) 数据库应用服务器:MySQL。

(4) 服务器:Tomcat8.0。

(5) Java 编译器:JDK1.70。

(6) 系统硬件运行环境条件主要包括:

① 计算机方面:屏幕尺寸为 14 英寸(1 英寸=2.54 cm);CPU 型号为 Intel 酷睿 i5;CPU 主频为 1.7 GHz;内存容量为 2 GB;硬盘容量为 500 GB。

② 电气方面:合理接地、安全的电源接入及备用电源的有效接入等。

4.2.2 系统登录实现

登录模块作为进入系统的第一个步骤,需要输入用户的账号和密码。由于在此系统试用前未有用户登录过,需要管理员设置初始密码。这里事先在表单里设置,如图 4-5 所示。

userID	uname	userAddress	userBirth	userEmail	userGender	userName	userPassword	userPhone
1 admin	(Null)	(Null)	(Null)		1 管理员	E10ADC3949BA59ABBE56	(Null)
2 1001					0 张老师	E10ADC3949BA59ABBE56	
3 1002		(Null)	46465@q.com		1 李四	E10ADC3949BA59ABBE56	15464654654
4 11	111	2019-05-03	11@qq.com		0 11	E10ADC3949BA59ABBE56	17862007654

图 4-5　初始账号、密码表单设计

这里的 userPassword 即为用户密码,此密码使用 md5 加密,破解后的密码如图 4-6 所示,userName 则是用户名。

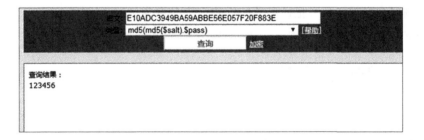

图 4-6　md5 密码查询界面

系统登录界面如图 4-7 所示。

图 4-7　系统登录界面图

登录界面主要代码为：

@Action(value＝"/login", results＝{ @Result(name＝"index", type＝"redirect", location＝"/index. jsp"), @ Result (name＝" main", location＝"/WEB-INF/jsp/main.jsp") })

```
public String login() throws Exception {
log.info(loginid+ " " +password+" "+logintype);
String errorMessage=null;
try {
    loginid=StringUtil.stringVerification(loginid).toLowerCase();
    MD5 md=new MD5();
    password=md.getMD5ofStr(password);
    Object user=service.findUser(logintype, loginid, password);
    if (user ! =null) {
            SessionBean sb=new SessionBean();
            sb.setUser(user);
            getHttpSession().setAttribute(Constant.SESSION_BEAN,sb);
            log.info("登录成功"+loginid);
    } else {
```

errorMessage＝"登录账号或者密码错误";

}

当账号或密码输入错误时,效果如图 4-8 所示。

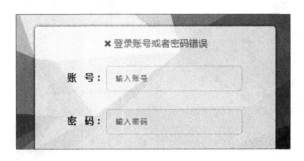

图 4-8　系统登录界面错误提示图

4.2.3　试题管理实现

试题管理是整个试题库系统中最基础也是最重要的部分,它是一个专门存放和导出试题的一个集合,后续的一切工作也是围绕它展开。因为教师和学生的权限不同,所以他们所能操作的功能界面也是不同的。试题管理模块的功能架构如图 4-9 所示。

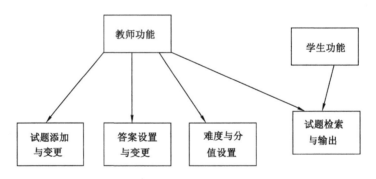

图 4-9　试题管理模块功能架构

试题管理界面如图 4-10 所示,可以对试题进行添加、修改、检索等编辑管理。

可以通过试题的添加和修改对试卷的难易程度和分值进行设置,也可以根据自己的实际需求创建新的题型,这样编辑的试题就能够满足自动组卷的要求,从而组出一份符合实际的试卷。

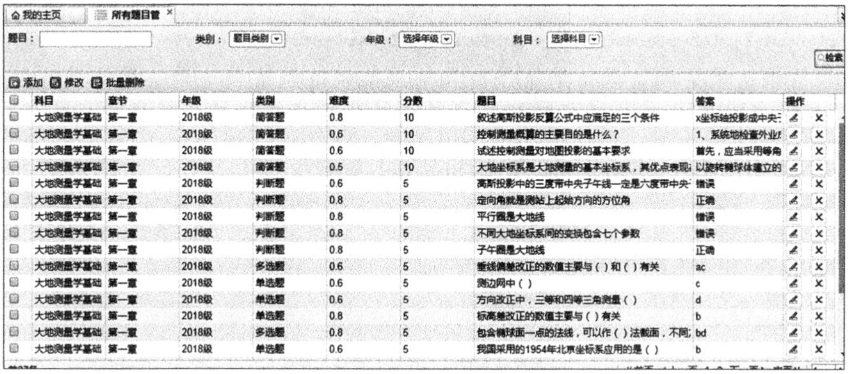

图 4-10　试题管理界面图

4.2.3.1　试题添加

试题添加设计界面如图 4-11 所示,可以对题目的所属难度、知识点、类别、分值等进行在线编辑,编辑结束就可以提交从而实现试题的上传。

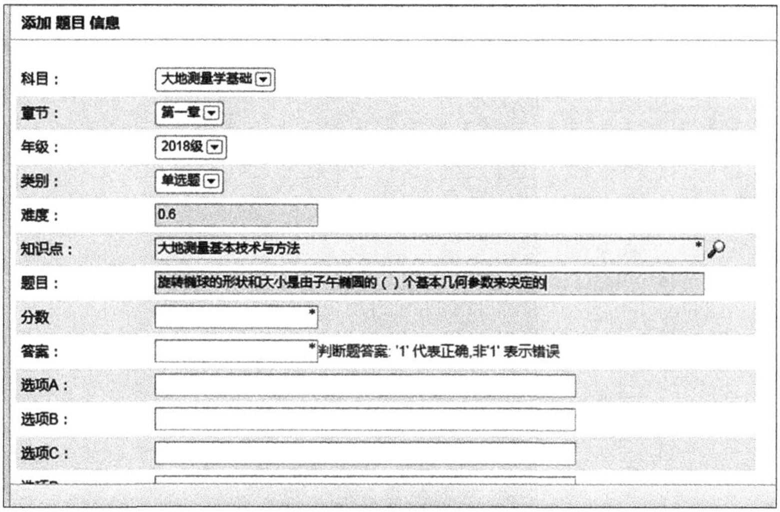

图 4-11　试题添加设计界面

添加试题模块主要代码为:

@Action(value＝"add2Question", results＝{@Result(name＝"add2", location＝"/WEB-INF/jsp/sys/addQuestion.jsp")})

public String add2() {

```
List⟨?⟩list＝null；
if (getSessionUser() instanceof SysUser) {
    list＝service.findAll(Course.class)；
} else {
    SimpleUser user＝getSimpleUser()；
    list＝service.queryByHQL("from Course where teacher.id＝?",
    user.getId())；
}
putRequestValue("list",list)；
List⟨?⟩list1＝service.queryByHQL("from Period order by id desc")；
putRequestValue("list1",list1)；
getHttpSession().removeAttribute("addQuestionCourseid")；
return "add2"；
}
```

4.2.3.2 试题修改

试题修改设计界面如图 4-12 所示,对已经录入题库的题目可以进行修改,修改后进行保存,完成对试题的修改。

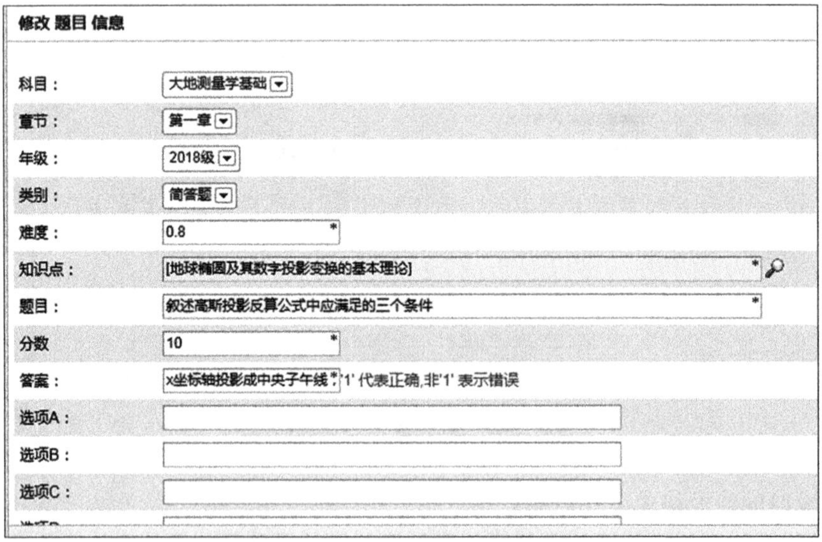

图 4-12 试题修改设计界面

试题修改模块主要代码为：

```
@Action(value="updateQuestion")
public String update(){
    try {
        if (bean.getQuesType().equals("单选题") || bean.getQuesType
        ().equals("多选题")){
        if (StringUtils.isBlank(bean.getOption1()) || StringUtils.is
        Blank(bean.getOption2())|| StringUtils.isBlank(bean.getOp-
        tion3()) || StringUtils.is Blank(bean.getOption4())){
        MessageUtil.addMessage(getRequest()，"添加失败,选择题必
        须有4个答案选项");
        return ERROR；
        }
        String ans=bean.getAnswer()；
        ans=ans.toLowerCase()；
        char[] ary=ans.toCharArray()；
        for (char c:ary){
            if (c<'a' || c>'d'){
                MessageUtil.addMessage(getRequest()，"添加失败,答案输
                入有误");
                return ERROR；
```

4.2.3.3　试题检索

为防止试题量过大而出现找不到目标试题的情况,可使用试题检索系统,只需要输入题目、类别、年级和科目就能检索出已录入系统的题目。试题检索界面如图 4-13 所示。

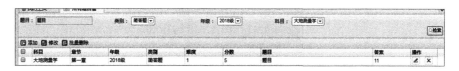

图 4-13　试题检索界面

试题检索模块主要代码为：

```
@ Action (value = " queryQuestion", results = { @ Result (name =
"queryList",location="/WEB-INF/jsp/sys/listQuestion.jsp")}}
```

```
public String query() {
    try {
        int pageNum＝0;
        String t＝getHttpServletRequest().getParameter("pageNum");
        if (StringUtil.notEmpty(t)) {
            pageNum＝Integer.valueOf(t);
        }
Page p＝(Page) getHttpSession().getAttribute(Constant.SESSION_PAGE);
if (pageNum＝＝0 || p＝＝null) {
    p＝new Page();
    p.setCurrentPageNumber(1);
    p.setTotalNumber(01);
    p.setItemsPerPage(Constant SESSION_PAGE_NUMBE);
    //字段名称集合
    LinkedList〈String〉 parmnames＝new LinkedList〈String〉();
    //字段值集合
    LinkedList〈Object〉 parmvalues＝new LinkedList〈Object〉();
    //页面参数集合
    Set parm＝getHttpServletRequest().getParameterMap().entrySet();
    for (Object o : parm) {
        Entry〈String, Object〉 e＝(Entry〈String, Object〉) o;
        String name＝e.getKey();// 页面字段名称
        if (name.startsWith("s_")) {
            String fieldValue＝getHttpServletRequest().getParameter
            (name);//页面字段值
            if (StringUtil.notEmpty(fieldValue)) {
                name＝name.substring(2, name.length());//实体字段
                名称
                parmvalues. add (FieldUtil. format (Question. class,
                name, fieldValue));
```

4.2.4　试卷管理实现

4.2.4.1　自动组卷

自动组卷功能模块主要是对试卷的参数进行设置和试卷生成。试卷参数设置主要包括试卷的难度、类型、数量、范围的设置,它是自动组卷的重要步骤。然

后就是根据参数进行自动组卷,其参数设置界面如图 4-14 所示。

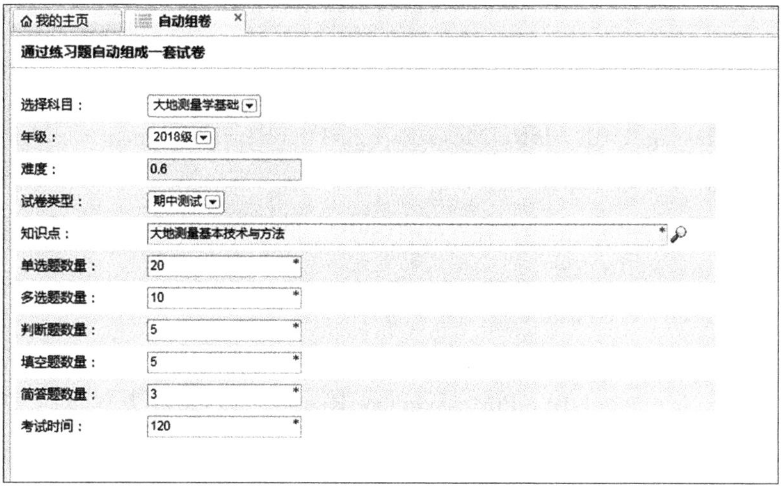

图 4-14　自动组卷参数设置界面

自动组卷模块主要代码为:

```
@Action(value="autoPaper")
public String autoPaper() {
    try {
        Course course=(Course) service.get(Course.class, uid);
        if (course==null) {
            MessageUtil.addMessage(getRequest(),"科目不存在");
            return ERROR;
        }
        String pids=getHttpServletRequest().getParameter("idd");
        if (pids==null || pids.length()==0) {
            MessageUtil.addMessage(getRequest(),"添加失败,至少选
                择一个知识点");
            return ERROR;
        }
        String ret = service. updateAutoPaper (course, null, danxuan,
        duoxuan,panduan,tiankong,jianda, kaoshishijian,pids,bean);
```

```
        if (ret ! = null) {
        MessageUtil.addMessage(getRequest(),"组卷失败:"+ret);
        return ERROR;
    }
        MessageUtil. addRelMessage ( getHttpServletRequest ( ),"组卷成
        功.","autoPaper");
    getHttpSession().removeAttribute("addQuestionCourseid");
    return SUCCESS;
    } catch (Exception e) {
        e.printStackTrace();
        MessageUtil.addMessage(getRequest(),"组卷失败");
        return ERROR;
    }
}
```

4.2.4.2　试卷列表

　　试卷列表功能模块可对已经通过自动组卷生成的试卷进行在线查看、删除试卷和导出 word 功能,如图 4-15 所示,自动组卷 word 导出文档如图 4-16 所示。

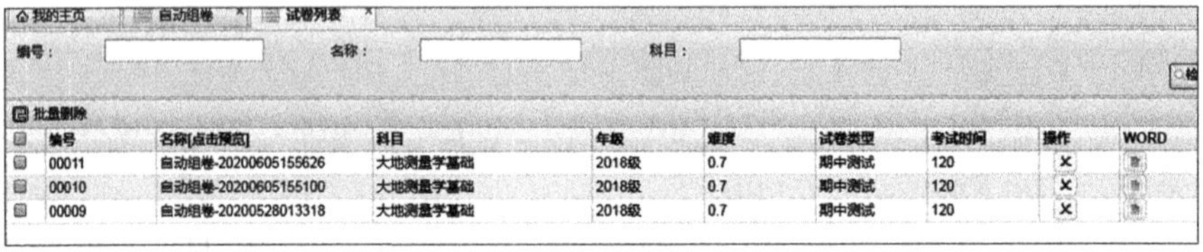

图 4-15　试卷列表操作界面图

　　其中,导出 word 主要代码为:

```
@Action(value="getPaperWord",results={ @Result(name="add2",
location="/WEB-INF/jsp/sys/addPaper.jsp")})
    public String getPaperWord() {
        List<Question> danxuanlist = service. queryByHQL("from Question
            where quesType ='单选题' and id in(select question. id from
            PaperQuestion where paper.id="+uid+ ")");
        List<Question> duoxuanlist = service. queryByHQL(
```

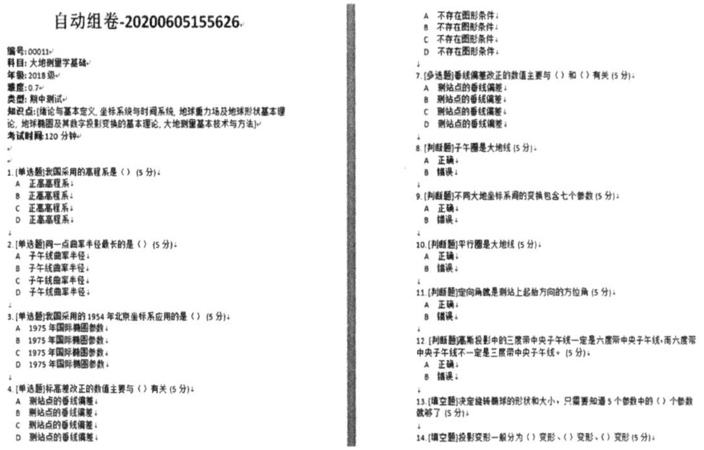

自动组卷-20200605155626

编号:00011
科目:大地测量学基础
年级:2018级
难度:0.7
类型:期中测试
知识点:[绪论与基本定义,坐标系统与时间系统,地球重力场及地球形状基本理论,地球椭圆及其数字投影变换的基本理论,大地测量基本技术与方法]
考试时限:120 分钟

1.[单选题]我国采用的高程系是（）(5 分)
A　正高高程系
B　正高高程系
C　正高高程系
D　正高高程系

2.[单选题]同一点曲率半径最长的是（）(5 分)
A　子午线曲率半径
B　子午线曲率半径
C　子午线曲率半径
D　子午线曲率半径

3.[单选题]我国采用的 1954 年北京坐标系应用的是（）(5 分)
A　1975 年国际椭圆参数
B　1975 年国际椭圆参数
C　1975 年国际椭圆参数
D　1975 年国际椭圆参数

4.[单选题]标高差改正的数值主要与（）有关 (5 分)
A　测站点的垂线偏差
B　测站点的垂线偏差
C　测站点的垂线偏差
D　测站点的垂线偏差

A　不存在图形条件
B　不存在图形条件
C　不存在图形条件
D　不存在图形条件

7.[多选题]垂线偏差改正的数值主要与（）和（）有关 (5 分)
A　测站点的垂线偏差
B　测站点的垂线偏差
C　测站点的垂线偏差
D　测站点的垂线偏差

8.[判断题]子午圈是大地线 (5 分)
A　正确
B　错误

9.[判断题]不同大地坐标系间的变换包含七个参数 (5 分)
A　正确
B　错误

10.[判断题]平行圈是大地线 (5 分)
A　正确
B　错误

11.[判断题]定向角就是测站上起始方向的方位角 (5 分)
A　正确
B　错误

12.[判断题]高斯投影中的三度带中央子午线一定是六度带中央子午线,而六度带中央子午线不一定是三度带中央子午线。(5 分)
A　正确
B　错误

13.[填空题]决定旋转椭球的形状和大小,只需要知道 5 个参数中的（）个参数就够了 (5 分)

14.[填空题]投影变形一般分为（）变形、（）变形、（）变形 (5 分)

图 4-16　自动组卷 word 导出文档

```
    "from Question where quesType=? and id in(select question.id
    from PaperQuestion where paper.id=?)","多选题",uid);
List〈Question〉 panduanlist=service.queryByHQL(
    "from Question where quesType=? and id in(select question.id
    from PaperQuestion where paper.id=?)","判断题",uid);
List〈Question〉 tiankonglist=service.queryByHQL(
    "from Question where quesType=? and id in(select question.id
    from PaperQuestion where paper.id=?)","填空题",uid);
List〈Question〉 jiandalist=service.queryByHQL(
    "from Question where quesType=? and id in(select question.id
    from PaperQuestion where paper.id=?)", "简答题",uid);
Paper paper=(Paper) service.get(Paper.class, uid);
try {
    String rpath=getResourceFile().getAbsolutePath()+File.sepa-
    rator+"test.xml";
    String tempfile=paper.getName()+"_"+paper.getPeriod().
    getName()+"_"+paper.getLeixing()+"_"+paper.getNandu()+
    ".doc";
```

预览试卷主要代码为:

```
@Action（value＝"toTest"，results＝{@Result（name＝"add2"，location＝
"/qiantai/index.jsp"）}）
public String toTest（）{
    List danxuanlist＝service.queryByHQL（"from Question where quesType＝
    '单选题' and id in（select question.id from PaperQuestion where paper.id＝
    "＋uid＋"）"）；//.findQuestionList（uid，"单选题",10）；
    List duoxuanlist＝service.queryByHQL（"from Question where quesType＝?
    and id in（select question.id from PaperQuestion where paper.id＝?）","多选
    题",uid）；//.findQuestionList（uid,"多选题",10）；
    List panduanlist＝service.queryByHQL（"from Question where quesType＝?
    and id in（select question.id from PaperQuestion where paper.id＝?）","判断
    题",uid）；//.findQuestionList（uid,"判断题",8）；
    List tiankonglist＝service.queryByHQL（"from Question where quesType＝?
    and id in（select question.id from PaperQuestion where paper.id＝?）","填空
    题",uid）；//.findQuestionList（uid,"填空题",5）；
    List jiandalist＝service.queryByHQL（"from Question where quesType＝?
    and id in（select question.id from PaperQuestion where paper.id＝?）","简
    答题",uid）；//.findQuestionList（uid,"简答题",4）；
    putRequestValue（"danxuanlist",danxuanlist）；
    putRequestValue（"duoxuanlist",duoxuanlist）；
    putRequestValue（"panduanlist",panduanlist）；
    putRequestValue（"tiankonglist",tiankonglist）；
    putRequestValue（"jiandalist",jiandalist）；
    Paper p＝（Paper）service.get（Paper.class,uid）；
    putRequestValue（"paper",p）；
    return "add2";
}
```

4.2.5 系统管理实现

系统的运行和维护需要由专门的管理员来完成。身份不同的用户所拥有的权限也是不同的,比如学生不能进行试题的添加和修改,教师不能进行权限的分配。后台管理员的权限是最大的,可以实现对后台数据的修改、数据库信息的维护。用户信息的维护和管理、系统的升级和维护都需要管理员来完成,同时系统在

功能模块、数据信息等方面发生改变时，也只能由管理员进行相应的操作，这样才能保障系统数据信息的安全。用户管理和科目管理操作界面如图 4-17 和图 4-18 所示。

图 4-17　用户管理操作界面

图 4-18　科目管理操作界面

4.2.5.1　用户管理

4.2.5.1.1　添加用户信息模块

添加管理员和教师信息模块界面如图 4-19 所示。

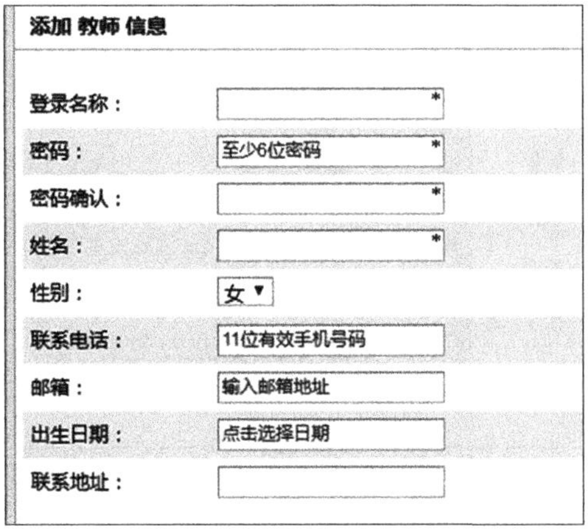

图 4-19　添加用户信息模块界面

添加用户信息主要代码为：

```
@Action(value="addSysUser")
public String add() {
    try {
        service.addSysUser(bean);
        MessageUtil.addMessage(getHttpServletRequest(),"添加管理员成功");
        return SUCCESS;
    } catch (Exception e) {
        e.printStackTrace();
        MessageUtil.addMessage(getRequest(),"添加管理员失败");
        return ERROR;
    }
}
```

4.2.5.1.2　修改用户信息模块

修改用户信息模块界面如图 4-20 所示。

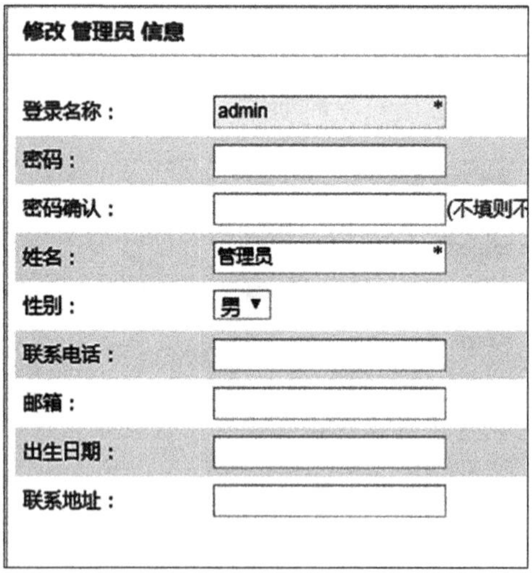

图 4-20　修改用户信息模块界面

修改用户信息主要代码为：

@Action(value="updateSysUser")

```
public String update() {
    try {
        service.updateSysUser(bean);
        MessageUtil.addMessage(getHttpServletRequest(),"更新管理
            员成功");
        return SUCCESS;
    } catch (Exception e) {
        MessageUtil.addMessage(getRequest(),"更新管理员失败");
        return ERROR;
    }
}
```

4.2.5.2 科目与章节管理

4.2.5.2.1 科目管理

科目管理界面如图 4-21 所示。

图 4-21 科目管理界面

添加科目界面如图 4-22 所示。

图 4-22 添加科目界面

添加科目主要代码为：

@Action(value＝"addCourse")

```
public String add() {
    try {
        service.add(bean);
        MessageUtil.addMessage(getHttpServletRequest(),"添加成功");
        return SUCCESS;
    } catch (Exception e) {
        e.printStackTrace();
        MessageUtil.addMessage(getRequest(),"添加失败");
        return ERROR;
    }
}
```

修改科目界面如图 4-23 所示。

图 4-23　修改科目界面

修改科目主要代码为：

```
@Action(value="updateCourse")
public String update() {
    try {
        service.update(bean);
        MessageUtil.addMessage(getHttpServletRequest(),"更新成功");
        return SUCCESS;
    } catch (Exception e) {
        MessageUtil.addMessage(getRequest(),"更新失败");
        return ERROR;
    }
}
```

4.2.5.2.2　章节管理

章节管理界面如图 4-24 所示。

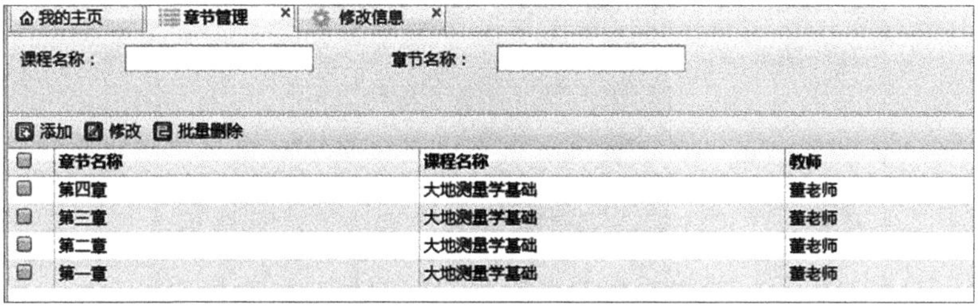

图 4-24　章节管理界面

添加章节信息界面如图 4-25 所示。

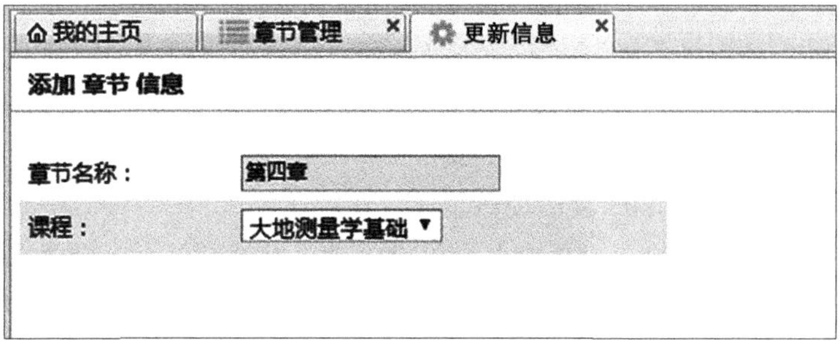

图 4-25　添加章节信息界面

添加章节信息主要代码为：

```
@Action(value="addSection")
public String add() {
    try {
        service.add(bean);
        MessageUtil.addMessage(getHttpServletRequest(),"添加成功");
        return SUCCESS；
    } catch (Exception e) {
        e.printStackTrace();
        MessageUtil.addMessage(getRequest(),"添加失败");
        return ERROR；
    }
}
```

更新章节信息界面如图 4-26 所示。

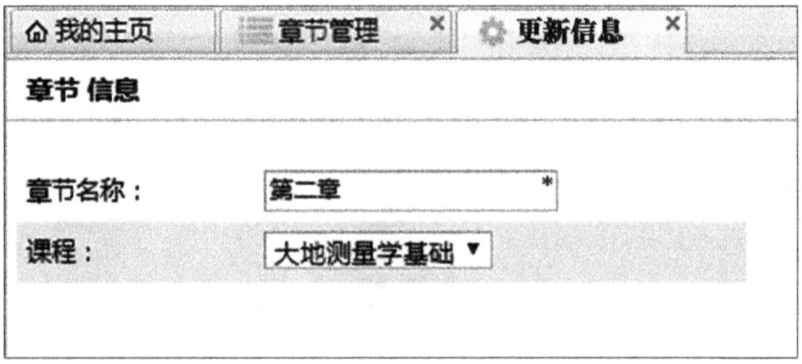

图 4-26　更新章节信息界面

更新章节信息主要代码为：

```
@Action(value="updateSection")
public String update() {
    try {
        service.update(bean);
        MessageUtil.addMessage(getHttpServletRequest(),"更新成功");
        return SUCCESS;
    } catch (Exception e) {
        MessageUtil.addMessage(getRequest(),"更新失败");
        return ERROR;
    }
}
```

4.2.5.3　**知识点管理**

知识点管理界面如图 4-27 所示。

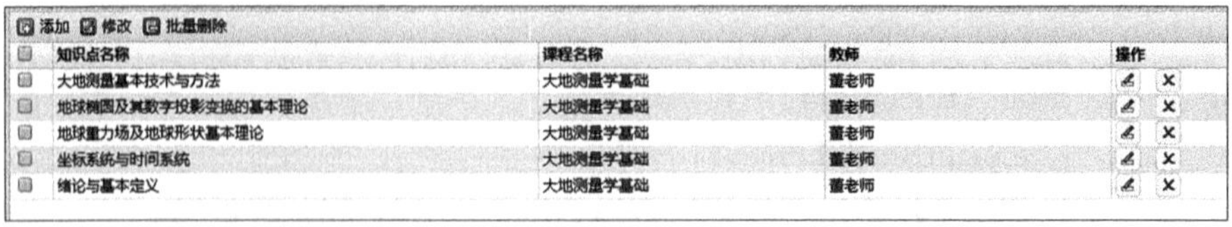

知识点名称	课程名称	教师	操作
大地测量基本技术与方法	大地测量学基础	董老师	
地球椭圆及其数学投影变换的基本理论	大地测量学基础	董老师	
地球重力场及地球形状基本理论	大地测量学基础	董老师	
坐标系统与时间系统	大地测量学基础	董老师	
绪论与基本定义	大地测量学基础	董老师	

图 4-27　知识点管理界面

添加知识点界面如图 4-28 所示。

图 4-28 添加知识点界面

添加知识点主要代码为：

```
@Action(value="addPoints")
public String add() {
    try {
        service.add(bean);
        MessageUtil.addMessage(getHttpServletRequest(),"添加成功");
        return SUCCESS;
    } catch (Exception e) {
        e.printStackTrace();
        MessageUtil.addMessage(getRequest(),"添加失败");
        return ERROR;
    }
}
```

修改知识点界面如图 4-29 所示。

图 4-29 修改知识点信息界面

修改知识点主要代码为：

```
@Action(value="updatePoints")
public String update() {
    try {
        service.update(bean);
        MessageUtil.addMessage(getHttpServletRequest(),"更新成功");
        return SUCCESS;
    } catch (Exception e) {
        MessageUtil.addMessage(getRequest(),"更新失败");
        return ERROR;
    }
}
```

4.2.6　单元测试管理

　　单元测试是教师教授完每一章的内容后,及时巩固学生课堂知识的一种手段,测试题目的难度较小,只要课堂认真理解与掌握知识要点,基本都能回答正确。但是,题目虽然基础,却有着不可低估的作用,是教与学的交互性学习。

　　单元测试界面如图 4-30 所示。

图 4-30　单元测试界面

单元测试主要代码为：

```
@ParentPackage("struts-default")
@Namespace("/sys")
@Component
public class TestAction extends BaseAction implements ModelDriven〈Test〉 {
    @Autowired
    private BizService service;
    private int uid;
    private Test bean=new Test();
@Action(value="toTestUnit", results={@Result(name="add2",
```

```
location="/qiantai/testUnit.jsp")})
    public String toTest(){
        List danxuanlist = service.queryByHQL("from Question where
            quesType="单选题" and id in (select question.id from
            TestQuestion where test.id="+ uid +")");//.findQues-
            tionList(uid,"单选题",10);
        List duoxuanlist = service.queryByHQL("from Question where
            quesType=? and id in(select question.id from TestQuestion
            where test.id=?)","多选题", uid);//.findQuestionList
            (uid,"多选题",10);
        List panduanlist = service.queryByHQL("from Question where
            quesType=? and id in(select question.id from TestQuestion
            where test.id=?)","判断题", uid);//.findQuestionList
            (uid,"判断题",8);
        List tiankonglist = service.queryByHQL("from Question where
            quesType=? and id in(select question.id from TestQuestion
            where test.id=?)","填空题", uid);//.findQuestionList
            (uid,"填空题",5);
        List jiandalist = service.queryByHQL("from Question where
            quesType =? and id in (select question.id from
            TestQuestion where test.id=?)","简答题",uid);//.find-
            QuestionList(uid,"简答题",4);
        putRequestValue("danxuanlist",danxuanlist);
        putRequestValue("duoxuanlist",duoxuanlist);
        putRequestValue("panduanlist",panduanlist);
        putRequestValue("tiankonglist",tiankonglist);
        putRequestValue("jiandalist",jiandalist);
        Test p=(Test) service.get(Test.class,uid);
        putRequestValue("test",p);
        return "add2";
    }
```

4.3　本章小结

　　大地测量学基础试题库系统是基于教学互动学习及大环境下传统的人工组卷的局限性而设计开发的重要课程教辅资源,通过充分调研、需求分析,结合 B/S 架构模型、Java 编程技术以及 MySQL 数据库技术,完成了数据库表、编辑、更新、难度、分类、组卷、测验等功能设计开发,满足了师生教学与学习的不同需求。

　　试题库系统建设与开发管理基于 OBE 教育理念,以学生为中心,致力于测绘工程专业工程教育认证和国家级一流专业建设,加强主干课程学习资源建设,以成果导向为出发点,以大纲考核为标准。试题内容全面反映教学目标要求,切实考查教学效果支持毕业要求达成度;随机自动组卷,科学合理、避免主观、求实反映;单元练习测试,目的明确、突出要点,有利于客观体现课程教育教学的达成度、满意度,更有利于实现课程学习成效的真实性、实时性。

5　课程实验模拟系统建设与管理

5.1　系统总体设计

大地测量学基础课程的主要特点之一是实践性强,但现时实验学时越来越少。为了提高实验教学效率,建设开发实验模拟操作演示系统很有必要,是实施课程教学的重要辅助资源。系统总体设计遵循从整体到细部的原则,根据系统开发基础理论,将设计规划分为三个过程,分别是系统开发流程、系统结构和系统模型,进而以三个过程为中心点,逐步向外延展。

5.1.1　系统开发流程设计

大地测量学基础课程实验模拟操作演示系统的开发流程设计如图 5-1 所示。

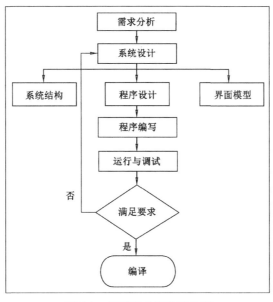

图 5-1　系统开发流程设计图

5.1.2 系统结构设计

系统结构是整个系统的骨架支撑,如果一个软件系统没有结构的支撑,就相当于一堆散沙,不是一个完整的整体,所以系统结构对整个软件系统而言至关重要。大地测量学基础课程实验模拟操作演示系统需要拥有一个良好的体系结构,这样在软件系统的开发过程中才不会没有方向。经过需求分析讨论,大地测量学基础课程实验模拟操作演示系统拥有三个主要模块:实验模拟操作、实验演示、基础计算实验。系统结构设计如图 5-2 所示。

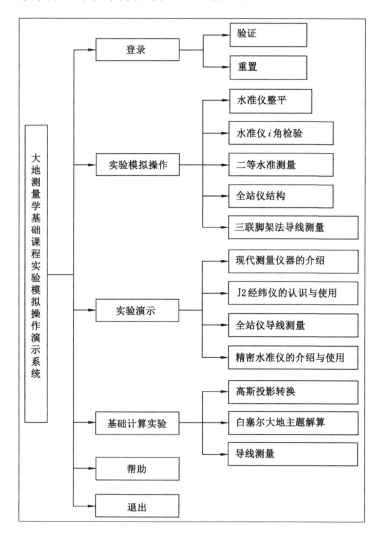

图 5-2　系统结构设计框图

5.1.3　系统模型设计

在系统设计阶段，讨论并且确定了系统结构之后，就是确定系统的初步模型，以便进行后续的界面窗口制作、程序代码编写等，所以系统模型设计在整个系统设计过程中不可或缺。

在系统模型设计过程中，借助了第三方软件——Axure。Axure 是一款功能强大的二维模型建立软件，常用于软件开发、网站制作等方面，它的超强的模型建立与演示功能在软件开发过程中发挥着至关重要的作用，也奠定了它不可动摇的地位。利用 Axure 软件建立的模型通常称为原型，原型可以展现软件完成过程中和完成后的界面效果，如图 5-3 所示。

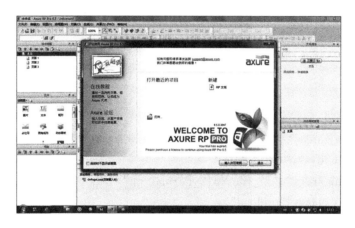

图 5-3　Axure 软件启动图

在 Axure 里添加元件，布设各个元件的位置，使之有序排列，添加一定必要的过程，生成原型，在原型里，可以动态模拟演示软件的整个过程。系统界面设计生成原型的主要代码为：

〈title〉登录〈/title〉

〈script src＝"data/sitemap.js"〉〈/script〉

〈script src＝"resources/scripts/jquery-1.7.1.min.js"〉〈/script〉

〈script src＝"resources/scripts/axutils.js"〉〈/script〉

〈script src＝"resources/scripts/jquery-ui-1.8.10.custom.min.js"〉〈/script〉

〈script src＝"resources/scripts/axurerp_beforepagescript.js"〉〈/script〉

〈script src＝"resources/scripts/messagecenter.js"〉〈/script〉

〈script src＝"登录_files/data.js"〉〈/script〉

〈p〉〈span〉2014/04/05 10:11:36〈/span〉〈/p〉

〈div id＝"u3_img"〉

〈img src＝"登录_files/u3_normal.jpg" class＝"raw_image"〉〈/div〉

〈div id＝"u5_img"〉

〈img src＝"登录_files/u5_normal.jpg" class＝"raw_image"〉〈/div〉

〈input id＝"u7" type＝text value＝" " class＝"u7"〉

〈div id＝"u8_img"〉

〈img src＝"登录_files/u8_normal.jpg" class＝"raw_image"〉〈/div〉

〈div id＝"u11container" style＝"position：absolute；left：580px；top：292px；width：100px；height：16px；"〉

〈lable for＝"u11"〉

〈div id＝"u12" class＝"u12"〉

〈div〉〈p〉〈span〉显示密码〈/span〉〈/p〉〈/div〉

〈/div〉

〈/lable〉

〈div id＝"u13_img"〉

　　〈img src＝"登录_files/u13_normal.jpg" class＝"raw_image"〉〈/div〉

　　〈div id＝"u15_img"〉

　　〈img src＝"登录_files/u15_normal.jpg" class＝"raw_image"〉〈/div〉

　　〈div class＝"preload"〉

　　〈img src＝"登录_files/u0_normal.png" width＝"1" height＝"1"/〉

系统界面设计原型效果如图 5-4 所示。

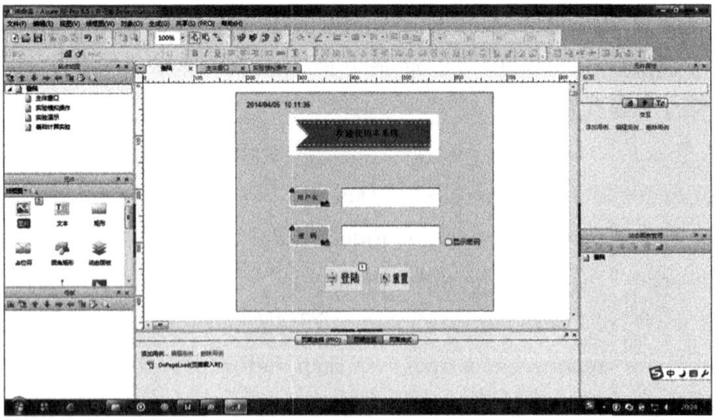

图 5-4　系统界面设计原型效果图

5.2　系统开发与管理

在整个系统开发过程中,编程实现至关重要,且工作量较大。应先进行调研与需求分析,确定系统开发方向,对整个系统进行初步规划;程序编写则最终决定系统的好坏,代码是否规范、是否符合程序开发的要求、程序代码的兼容性等问题都是影响系统最终结果的因素。

在系统开发阶段,主要对象包括五个部分:登录模块、主体窗口、实验模拟操作模块、实验演示模块、基础计算模块。

5.2.1　登录模块

登录模块是整个系统的"门面",通过登录模块,进入系统。登录模块的界面主要有欢迎语、用户名及密码和输入信息重置等内容。登录模块的主界面是整个系统中较为关键和基础的内容,对于整个系统而言,每个功能模块都是建立在这个模块之上的。登录模块遵循标准程序开发规范,继承了微软应用程序的清爽的界面风格,使程序在外观上更加美观、整洁。

登录模块的部分主要代码如下:

```
Private Sub Check1_Click()
If Check1.Value=1 Then
    Text2.PasswordChar=""
Else
    Text2.PasswordChar=" * "
End If
End Sub
```

以此规定了密码输入框的初始状态,即不管用户输入何种密码(字符、数字、汉字等),在密码输入框中都会以"＊"显示,这样避免了密码泄露的危险,为系统的安全增加了一层保障,在一定程度上保护了用户的隐私,使整个系统更加人性化,如图5-5所示。

在用户输入用户名及密码的时候,提供验证功能,即验证用户输入的用户名和密码是否正确,是否符合系统准许进入的条件。如果用户名或者密码不正确,不符合系统设置的准许进入条件,系统会弹出一个提示框,提示用户输入错误,进而让用户重新输入正确的用户名和密码,直至输入的用户名和密码完全正确。系统初始用户名为:cehui2010,初始密码为:123456。用户名和密码验证的部分主要代码为:

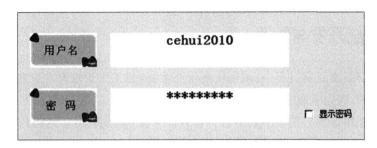

图 5-5　登录框密码隐藏

```
Private Sub Command1_Click()
If Text1.Text <> "cehui2010" And Text2.Text="123456" Then
    MsgBox "您输入的用户名不正确,请重新输入!"
ElseIf Text1.Text="cehui2010" And Text2.Text <> "123456" Then
    MsgBox "您输入的密码不正确,请重新输入!"
ElseIf Text1.Text <> "cehui2010" And Text2.Text <> "123456" Then
    MsgBox "您输入有误,请重新输入!"
Else
    主体窗口.Show：login.Hide
End If
End Sub
```

用户名和密码验证的界面效果如图 5-6～图 5-8 所示。

系统为用户提供了一个功能,即用户在输入信息的过程中,若发现有错误,而输入的信息又过多,删除很麻烦的时候,可以点击"重置"按钮,即可以实现输入信息全部清除的效果,为用户节省了时间,更显现了系统的人性化设计理念。其中部分主要代码为:

```
Private Sub Command2_Click()
    Text1.Text=""
    Text2.Text=""
End Sub
```

在登录界面设置一个时间控件,可以实时地显现系统使用者当地的时间,具体代码主要为:

```
Private Sub Timer1_Timer()
    Label2.Caption=Now
End Sub
```

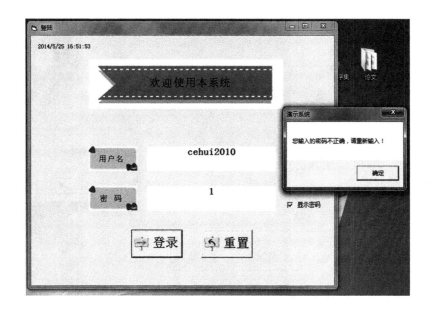

图 5-6　密码验证不正确

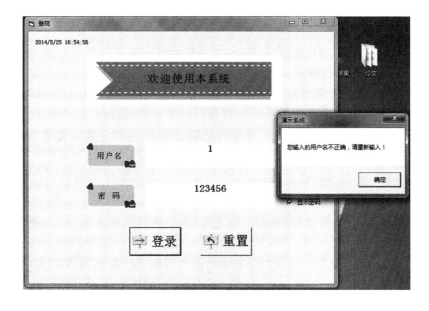

图 5-7　用户名验证不正确

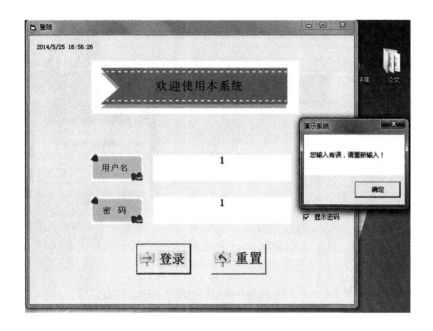

图 5-8　用户名和密码验证都不正确

5.2.2　主体窗口

主体窗口是整个系统的主要部分,是系统主体内容的承载者。在主体窗口中,主要包括实验模拟操作、实验演示、基础计算实验、文件和帮助等部分。实验模拟操作菜单包括水准仪整平、水准仪 i 角检验、二等水准测量、全站仪结构、三联脚架法导线测量;实验演示菜单包括现代测量仪器的介绍、J2 经纬仪的认识与使用、全站仪导线测量、精密水准仪的介绍与使用;基础计算实验菜单包括高斯投影转换、白塞尔大地主题解算、导线测量。

主体窗口通过 VB 语言编写,利用 VB 中的菜单编辑器编写系统功能菜单,利用 VB 中的 label 控件和 image 控件组成主体窗口的界面。其中 label 控件主要是承载系统的名称,image 控件主要是承载界面上的图片,如图 5-9 所示。

"文件"菜单栏主要控制着整个系统的退出功能,在"文件"菜单栏里,有二级菜单"退出",单击"退出"按钮,即可关闭整个系统,如图 5-10、图 5-11 所示。

在"帮助"菜单栏里,主要有对系统的说明性信息,比如版本号、最近的更新日期、开发者联系方式等。通过菜单编辑器,添加"帮助"菜单,在"帮助"菜单下添加"关于本系统"二级菜单,单击"关于本系统",即可弹出信息框。

图 5-9　系统主窗体

图 5-10　菜单编辑器

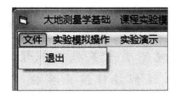

图 5-11　文件菜单栏

其中部分主要代码为：

Private Sub about_Click()

MsgBox "大地测量学基础课程实验演示模拟操作系统 2.0 版免费软件"

& Chr(10) & "更新日期：2018/05/26"

& Chr(10) & "版权所有 2018-2022" & Chr(10)

& "email：cehui2018@163.com",64＋vbOKOnly，

"大地测量学基础课程实验演示模拟操作系统"

End Sub

"帮助"菜单弹出信息框如图 5-12 所示。

图 5-12　系统帮助信息

5.2.3　模拟实验开发

实验模拟操作模块是系统的主要模块之一，该模块主要利用 Adobe Flash 软件制作实验模拟演示动画。

Adobe Flash 可以支持的格式有 swf、flv、fla、as，本系统采用的是 swf 格式的动画。

该模块主要由水准仪整平、水准仪 i 角检验、二等水准测量、全站仪结构、三联脚架法导线测量五个动画组成。实验模拟操作模块窗口如图 5-13 所示。

图 5-13   实验模拟操作模块窗口

5.2.3.1   水准仪整平

高程是测绘成果中三大要素(距离、角度、高程)之一,大地控制测量技术与方法中,高程测量工作是测绘工作的重中之重,许多测绘工作都离不开高程测量。在测绘工作中,高程测量被规划在水准测量中。利用专业的测绘仪器——水准仪,可以进行水准测量工作,根据测绘数据处理计算公式,计算出某一点的高程,从而完成高程测量工作。虽然现在有些测绘工作中有以 GPS 测高来代替水准测高的实例,但是 GPS 测高存在很明显的弊端与不足,那就是 GPS 测高的误差比较大,精度相对较低,不能满足大型精密工程的需要,因此水准测高在测绘工作中不可替代。在大地测量学基础课程教学中,精密水准仪的使用与操作是教学目标重点要求之一。

水准仪整平工作在水准仪的使用过程中不可或缺。水准仪的具体整平过程可以分为粗平和精平。

(1)粗平。粗平在水准测量工作中是一个开始,是水准仪整平的首要步骤,是使用水准仪测量前的必做工作。粗平的主要目的是调整水准仪,使之视准线处于大致水平的位置。具体的方法是:首先用双手旋动脚螺旋,使气泡移动到与水准器中心、第三个脚螺旋呈一条直线的位置,再旋动第三个脚螺旋,使气泡移动并居于圆水准器中心位置,如此即可完成水准仪的粗平工作。

(2)精平。精平是水准测量工作过程的后续操作,不可或缺,没有实施精平的水准测量数据是不可能达到规范要求与实际使用要求的。精平就是在测量过程中,在瞄准目标之后、读数之前,用手旋动微调旋钮,眼睛观看水准仪上的精平窗口,使精平窗口内的一对半月牙形的气泡结合组成一个半圆形的气泡。在这一过程中,眼睛还需要左右晃动地观察一下,避免视差的影响。当一对半月牙形的气泡组成一个半圆形的气泡的时候,表明精平工作已经完成,可以进行下一步的测量工作。

在 Adobe Flash 软件中设置初始帧,并设置关键帧,在关键帧内添加模拟操作动画的首页面,即校徽和本次模拟操作动画的标题,如图 5-14 所示。

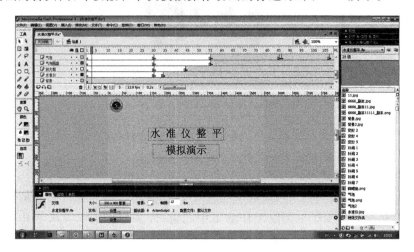

图 5-14　水准仪整平动画标题

在测量工作中,架好水准仪后,水准仪的气泡一般不是居中的,这就需要手动把气泡调整到圆水准器的中间位置,这一过程称为整平。在模拟演示中将重点分步骤地讲解整平的过程。

首先,假设水准气泡的位置在圆水准器某一位置(不在中间位置),暂且把该位置标记为 a 点,如图 5-15 所示。

水准气泡此时不居中,处于 a 点,用双手同时按照图中箭头所指方向旋动脚螺旋,调整气泡的位置,使之运动到图中的 b 点,即第三个脚螺旋正对的位置,使气泡、圆水准器中心、第三个脚螺旋呈一条直线,如图 5-16 所示。

水准气泡此时居于 b 点,旋动第三个脚螺旋,使气泡移动并居于圆水准器中心位置,气泡移动的方向与左手大拇指运动的方向一致,如图 5-17 所示,至此水准仪整平模拟操作过程制作完毕。

将制作好的水准仪整平模拟演示动画集成在系统中,调用 Shell() 函数,加载暴风影音视频播放器插件,用于播放动画,通过点击"实验模拟操作"菜单下的二级

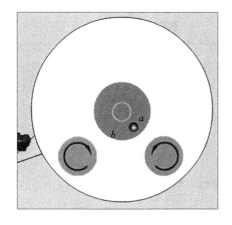

图 5-15　水准气泡初始点

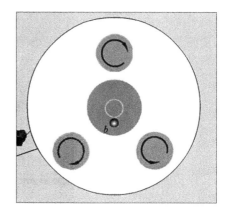

图 5-16　调整气泡至 *b* 点

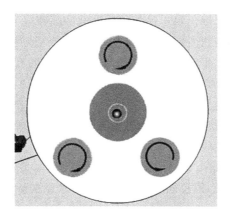

图 5-17　气泡居于圆水准器中心

菜单"水准仪整平",打开水准仪整平模拟演示动画。其中部分主要代码为:

Private Sub Animationzhengping_Click()

Dim Animationzhengping As Integer

　　Animationzhengping＝Shell("E:\baofeng\setup\StormPlayer.exe

　　C:\Users\Administrator\Desktop\毕业论文软件集合\动画\水准仪
整平.swf")

　　End Sub

水准仪整平模拟演示动画播放界面如图 5-18 所示。

图 5-18　水准仪整平模拟演示动画播放界面

5.2.3.2　水准仪 i 角检验

水准测量是根据水准仪测定的相邻两点间的高差进而求得待定点高程。水准仪可以在同一水平视线的情况下得出两点间的高差，这是非常重要的。但是水准仪给出的视线与水平线往往是不平行的，两者之间有一个小的夹角，称为 i 角。i 角所造成的误差属于仪器本身引起的误差，不可以人为地避免，那么就需要测绘工作者尽可能地把这一误差缩小，小到不影响水准测量结果的地步。由于 i 角误差的存在，测绘工作者在使用水准仪进行水准测量之前，必须进行水准仪 i 角检验，要求 i 角误差在规定的范围内。

首先，在 Adobe Flash 软件中设置初始帧，并设置关键帧，在关键帧内添加模拟演示动画的首页面，即校徽和本次模拟操作动画的标题，如图 5-19 所示。

图 5-19　水准仪 i 角检验动画标题

　　假设有 A、B、C 三点,在 A、B 点中间位置架设水准仪,水准仪与 A 点的距离为 S_1,与 B 点的距离为 S_2,且 $S_1=S_2$,初始检验时的仪器架设如图 5-20 所示。

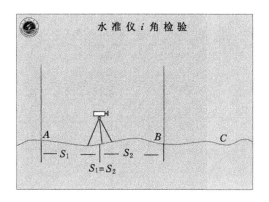

图 5-20　在 A、B 点中间架站

　　在 A 点和 B 点立标尺,首先照准 A 点处的标尺、读数,然后照准 B 点处的标尺、读数,这两次观测视线与水平线都有一个夹角,称这个角度为 i 角,如图 5-21 所示。

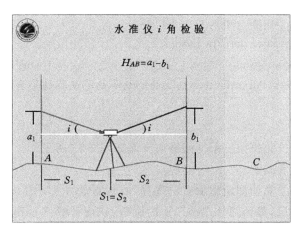

图 5-21　初始观测

　　迁站至 C 点处,A、C 两点之间距离为 S_3,B、C 两点之间距离为 S_4,且 S_3 不等于 S_4。照准 A 点处的标尺、读数,若水准仪视线角度不变,同时读取 B 点处水准尺的读数,如图 5-22 所示,此时这一视线与水平方向的夹角为 i。根据图 5-22 上的公式,即可计算出水准仪 i 角的大小,从而检验出 i 角是否符合

要求。

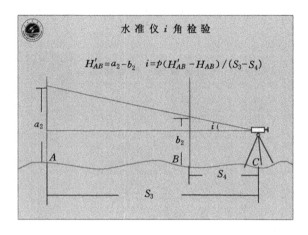

图 5-22　C 点处架站

系统中,水准仪 i 角检验属于"实验模拟操作"菜单下的二级菜单,调用 Shell() 函数,加载暴风影音视频播放器插件,用于播放动画,通过点击"实验模拟操作"菜单下的二级菜单"水准仪 i 角检验",打开水准仪 i 角检验模拟演示动画。其中部分主要代码为:

Private Sub Animationjianyan_Click()

Dim Animationjieshao As Integer

　　　Animationjieshao＝Shell("E:\baofeng\setup\StormPlayer.exe

　　　C:\Users\Administrator\Desktop\毕业论文软件集合\动画\水准仪 i 角检验.swf")

　　End Sub

水准仪 i 角检验模拟演示动画播放界面如图 5-23 所示。

5.2.3.3　二等水准测量

水准测量不是直接测定地面点的高程,而是测出两点间的高差,即在两个点上分别竖立水准尺,得到两个水准尺上的读数,从而计算两点间高差,进而求得待定点的高程。

如图 5-24 所示,设已知 A 点高程为 h_A,用水准测量方法求待定点 B 的高程 h_B。在 A、B 两点间路线上的大约中间位置架设水准仪,在 A、B 两点上分别竖立水准尺,根据水准仪提供的水平视线在 A 点的水准尺上读数为 a,在 B 点的水准尺上读数为 b,则 A、B 两点间的高差为:

$$h_{AB}＝a-b$$

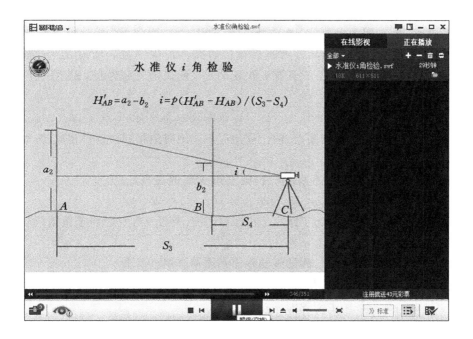

图 5-23　水准仪 i 角检验模拟演示动画播放界面

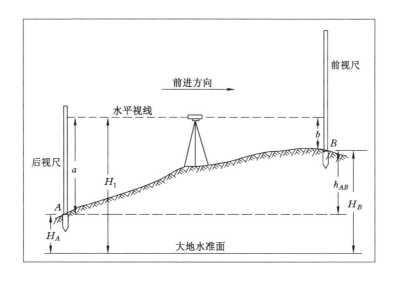

图 5-24　水准测量原理

设水准测量是由 A 点向 B 点进行,如图 5-24 中箭头所示,那么 A 点即为后视点,B 点即为前视点;A 点上的读数为后视读数,B 点上的读数为前视读数。A、B 两点间的高差就是后视读数减去前视读数。如果 $a > b$,则高差 h_{AB} 为正,表示 B 点比 A 点高;如果 $a < b$,则高差 h_{AB} 为负,表示 B 点比 A 点低。

在计算高差时,一定要注意下标 AB 的写法:h_{AB} 表示 A 点至 B 点的高差,h_{BA} 则表示 B 点至 A 点的高差,两个高差应该是绝对值相同而符号相反的,即:

$$h_{AB} = -h_{BA}$$

测得 A、B 两点间的高差 h_{AB} 后,则未知点 B 的高程 h_B 为:

$$h_B = H_A + h_{AB} = H_A + (a - b)$$

在二等水准测量中,为了减小 i 角误差影响,架设水准仪时要求做到前后视距大致相等,视距差小于 1 m。

进行二等水准测量时,测站观测程序必须符合规范要求:

往测时,奇数测站上的观测:后—前—前—后;

往测时,偶数测站上的观测:前—后—后—前;

返测时,奇数测站上的观测:前—后—后—前;

返测时,偶数测站上的观测:后—前—前—后。

首先,在 Adobe Flash 软件中设置初始帧,并设置关键帧,在关键帧内添加模拟演示动画的首页面,即校徽和本次模拟演示动画的标题,如图 5-25 所示。

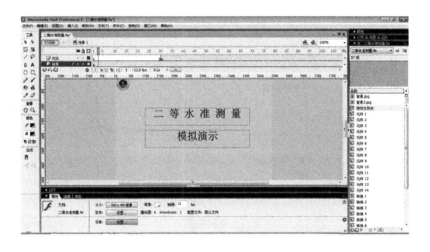

图 5-25 二等水准测量动画标题

　　二等水准测量模拟演示动画的制作是系统开发中最困难的编程之一,绘制过程比较烦琐,除了其他模拟演示动画的类似假设示意图之外,二等水准测量模拟演示动画还包括水准测量的记录表。在水准测量记录表的制作过程中,应用最多的是网格工具,依靠网格工具强大的标尺功能,精确地布置每个表格的位置,使之看起来美观大方,符合水准测量记录表的规范。用网格布设一个 16 行 8 列的表格,通过拆分、合并、调整表格大小等方法,完成表格的制作,如图 5-26 所示。

测站编号	后尺 下丝 上丝	前尺 下丝 上丝	方向及尺号	标尺读数		基+K 减 辅	备注
	后距	前距		基本分划	辅助分划		
	视距差 d	$\sum d$					
	(1)	(5)	后	(3)	(8)	(14)	
	(2)	(6)	前	(4)	(7)	(13)	
	(9)	(10)	后—前	(15)	(16)	(17)	
	(11)	(12)	h	(18)			
1			后				
			前				
			后—前				
			h				
2			后				
			前				
			后—前				
			h				

图 5-26　二等水准测量记录表格

　　首先选取一段距离,在两端立水准尺,在大约中间位置架设仪器,具体演示如图 5-27 所示。

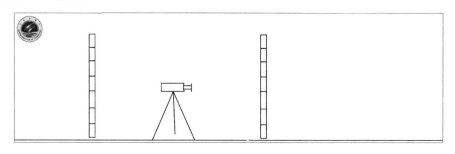

图 5-27　二等水准测量仪器架设

　　按照水准测量的测站观测顺序:后—前—前—后,照准后视尺,并记录下读数,如图 5-28 所示。

　　照准前视尺,记录下读数,并做相应的计算,如图 5-29 所示。

　　调整楔形丝照准前视尺的辅助分划,进行读数、记录,如图 5-30 所示。

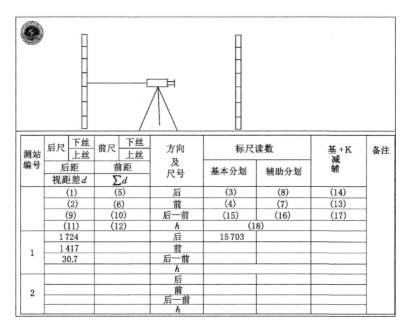

测站编号	后尺	下丝 上丝	前尺	下丝 上丝	方向 及 尺号	标尺读数		基 +K 减辅	备注
	后距		前距			基本分划	辅助分划		
	视距差 d		∑d						
	(1)		(5)		后	(3)	(8)	(14)	
	(2)		(6)		前	(4)	(7)	(13)	
	(9)		(10)		后—前	(15)	(16)	(17)	
	(11)		(12)		h		(18)		
1	1 724				后	15 703			
	1 417				前				
	30.7				后—前				
					h				
2					后				
					前				
					后—前				
					h				

图 5-28　后视并记录

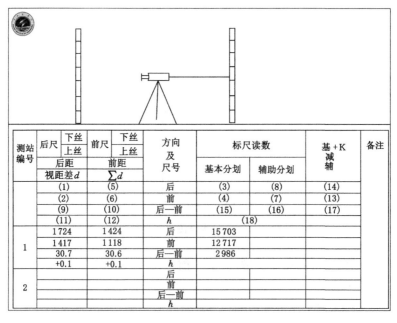

测站编号	后尺	下丝 上丝	前尺	下丝 上丝	方向 及 尺号	标尺读数		基 +K 减辅	备注
	后距		前距			基本分划	辅助分划		
	视距差 d		∑d						
	(1)		(5)		后	(3)	(8)	(14)	
	(2)		(6)		前	(4)	(7)	(13)	
	(9)		(10)		后—前	(15)	(16)	(17)	
	(11)		(12)		h		(18)		
1	1 724		1 424		后	15 703			
	1 417		1 118		前	12 717			
	30.7		30.6		后—前	2 986			
	+0.1		+0.1		h				
2					后				
					前				
					后—前				
					h				

图 5-29　前视并记录

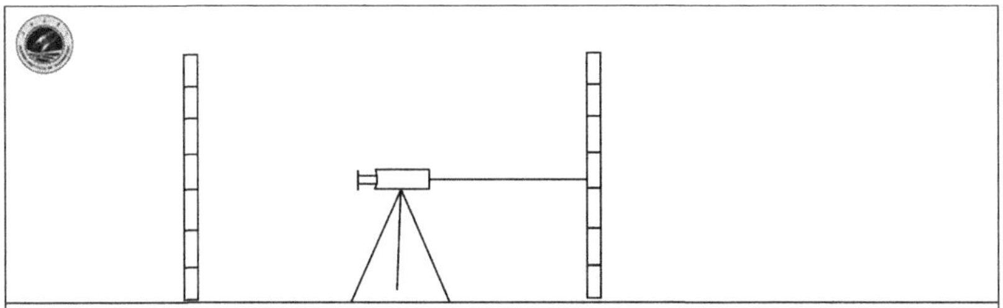

测站编号	后尺	下丝 上丝	前尺	下丝 上丝	方向 及 尺号	标尺读数		基+K 减辅	备注
	后距		前距			基本分划	辅助分划		
	视距差 d		∑d						
	(1)		(5)		后	(3)	(8)	(14)	
	(2)		(6)		前	(4)	(7)	(13)	
	(9)		(10)		后—前	(15)	(16)	(17)	
	(11)		(12)		h	(18)			
1	1 724		1 424		后	15 703			
	1 417		1 118		前	12 717	43 869		
	30.7		30.6		后—前	2 986			
	+0.1		+0.1		h				
2					后				
					前				
					后—前				
					h				

图 5-30 前视尺的辅助分划并记录

调整楔形丝照准后视尺的辅助分划,进行读数、记录、计算,如图 5-31 所示。如此,经过"后—前—前—后"的观测顺序,完成了一个测站上的观测。

在系统的二等水准测量模拟演示动画中,不仅有一个测站上的观测模拟操作,还拓展有迁站的内容。完成一个测站上的观测后,迁站至下一个测站,此时上一测站的前视尺位置不变,上一测站的后视尺位置调动到下一测站的前视尺位置,如图 5-32 所示。迁站后的测站为第二站,属于偶数站,则应遵守"前—后—后—前"的观测顺序,观测方法和表格记录方法与第一次观测类同。

在系统中,"二等水准测量"属于"实验模拟操作"菜单下的二级菜单,调用 Shell() 函数,加载暴风影音视频播放器插件,用于播放动画,通过点击"实验模拟操作"菜单下的二级菜单"二等水准测量",打开二等水准测量模拟演示动画。其中部分主要代码为:

```
Private Sub Animationerdeng_Click()
    Dim Animationerdeng As Integer
    Animationerdeng=Shell("E:\baofeng\setup\StormPlayer.exe C:\Users\Administrator\Desktop\毕业论文软件集合\动画\二等水准测量.swf")
End Sub
```

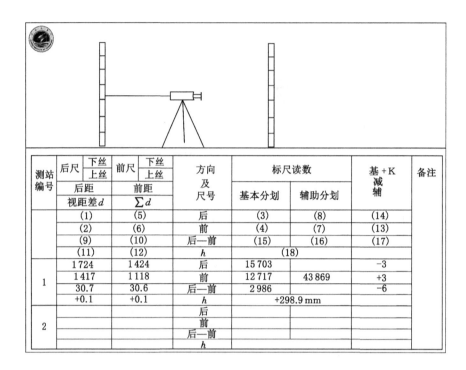

测站编号	后尺	下丝	前尺	下丝	方向及尺号	标尺读数		基+K 减 辅	备注
		上丝		上丝					
	后距		前距			基本分划	辅助分划		
	视距差d		∑d						
	(1)		(5)		后	(3)	(8)	(14)	
	(2)		(6)		前	(4)	(7)	(13)	
	(9)		(10)		后—前	(15)	(16)	(17)	
	(11)		(12)		h	(18)			
1	1 724		1 424		后	15 703		−3	
	1 417		1 118		前	12 717	43 869	+3	
	30.7		30.6		后—前	2 986		−6	
	+0.1		+0.1		h	+298.9 mm			
2					后				
					前				
					后—前				
					h				

图 5-31　后视尺的辅助分划并记录

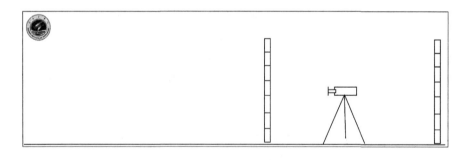

图 5-32　迁站后水准仪架设

二等水准测量模拟演示动画播放界面如图 5-33 所示。

5.2.3.4　全站仪结构

全站仪的基本构造主要包括光学系统、光电测角系统、光电测距系统、微处理机、显示控制/键盘、数据/信息存储器、输入/输出接口、电子自动补偿系统、电

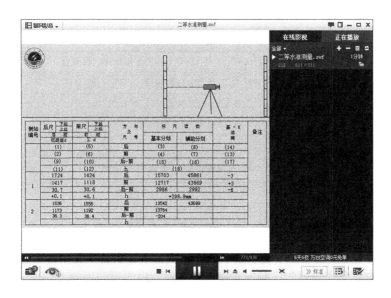

图 5-33　二等水准测量模拟演示动画播放界面

源供电系统、机械控制系统等部分。

全站仪的基本测量功能是测量水平角、竖直角和斜距,借助机内固化软件,组成多种测量功能,如计算并显示平距、高差以及镜站点的三维坐标,进行偏心测量、对边测量、悬高测量和面积测量计算等。

全站仪主要有三大测量模式,分别是角度测量、距离测量、坐标测量。全站仪面板在各个测量模式下的各功能键的功能如表 5-1~表 5-3 所列。

表 5-1　角度测量模式下功能键的功能

页数	软键	显示符号	功能
1	F1	置零	水平角置为 $0°00'00''$
	F2	锁定	水平角读数锁定
	F3	置盘	通过键盘输入数字设置水平角
	F4	P1↓	显示第 2 页软键功能
2	F1	倾斜	设置倾斜改正开或关,若选择"开",则显示倾斜改正值
	F2	复测	角度重复测量模式
	F3	V%	垂直角度百分比坡度(%)显示
	F4	P2↓	显示第 3 页软键功能

表 5-1(续)

页数	软键	显示符号	功能
3	F1	H-蜂鸣	仪器每转动水平角 90°是否要发出蜂鸣声的设置
	F2	R/L	水平角右/左计数方向的转换
	F3	竖盘	垂直角显示格式(高度角/天顶距)的切换
	F4	P3↓	显示下一页(第 1 页)软键功能

表 5-2　距离测量模式下功能键的功能

页数	软键	显示符号	功能
1	F1	测量	启动测量
	F2	模式	设置测距模式精测/粗测/跟踪
	F3	S/A	设置音响模式
	F4	P1↓	显示第 2 页软键功能
2	F1	偏心	偏心测量模式
	F2	放样	放样测量模式
	F3	m/f/i	米、英尺或英寸单位的变换
	F4	P2↓	显示第 1 页软键功能

表 5-3　坐标测量模式下功能键的功能

页数	软键	显示符号	功能
1	F1	测量	开始测量
	F2	模式	设置测距模式精测/粗测/跟踪
	F3	S/A	设置音响模式
	F4	P1↓	显示第 2 页软键功能
2	F1	镜高	输入棱镜高
	F2	仪高	输入仪器高
	F3	测站	输入测站点(仪器站)坐标
	F4	P2↓	显示第 3 页软键功能
3	F1	偏心	偏心测量模式
	F2	m/f/i	米、英尺或英寸单位的变换
	F3	P3↓	显示第 1 页软键功能

在 Adobe Flash 软件中设置初始帧,并设置关键帧,在关键帧内添加模拟演

示动画的首页面,即校徽和本次模拟演示动画的标题,如图 5-34 所示。

图 5-34　全站仪结构介绍动画标题

在全站仪结构模拟演示动画中,初始画面只有中纬 ZT20 全站仪一台,如图 5-35 所示。

图 5-35　中纬 ZT20 全站仪

此后每隔 20 帧,播放一个结构的名称和位置,来完成全站仪结构的介绍,如图 5-36 所示。

旋转全站仪,使之转动到另一方向,同样每 20 帧播放一个结构的名称和位置,如图 5-37 所示。

在系统中,"全站仪结构"属于"实验模拟操作"菜单下的二级菜单,调用 Shell()函数,加载暴风影音视频播放器插件,用于播放动画,通过点击"实验模拟操作"菜单下的二级菜单"全站仪结构",打开全站仪结构模拟演示动画。其中部分主要代码为:

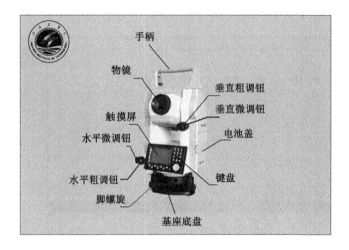

图 5-36　全站仪结构正面介绍

图 5-37　全站仪结构反面介绍

Private Sub Animationquanzhanyi_Click()

 Dim Animationjieshao As Integer

 Animationjieshao＝Shell("E:\baofeng\setup\StormPlayer.exe

 C:\Users\Administrator\Desktop\毕业论文软件集合\动画\全站仪结构.swf")

 End Sub

全站仪结构模拟演示动画播放界面如图 5-38 所示。

图 5-38　全站仪结构模拟演示动画播放界面

5.2.3.5　三联脚架法导线测量

如图 5-39 所示,首先将仪器架设在 B 点,在 A 点和 C 点架设脚架安放棱镜,按照导线测量的方法,后视 A 点,测量 AB 距离,旋转仪器,照准 C 点,测量 BC 距离和 $\angle ABC$ 度数;调整仪器至盘右位置,照准 C 点,测量 BC 距离,旋转仪器照准 A 点,量取 AB 距离和 $\angle ABC$ 度数,即完成了一个测回。然后进行第二测回,设置仪器水平度盘为 $90°$,按照第一测回的方法重复观测即可。两个测回完成后,可以进行迁站。首先将 A 点的脚架和棱镜搬至 D 点;B 点和 C 点的脚架和基座不动,只将 B 点的仪器和 C 点的棱镜位置调换一下,那么 C 点即为测站点,重复上一测站的观测方法。如此转换推进,完成三联脚架法导线测量。

在 Adobe Flash 软件中设置初始帧,并设置关键帧,在关键帧内添加模拟演示动画的首页面,即校徽和本次模拟演示动画的标题,如图 5-40 所示。

设定测量一条 Ⅰ 导线的导线段,若有 A、B、C、D 四个点,首先在 B 点处架设脚架和仪器,在 A、C 点处架设脚架和棱镜,照准 A 点处的棱镜,测量 AB 边

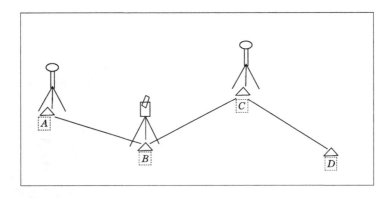

图 5-39　三联脚架法导线测量示意图

图 5-40　三联脚架法测导线动画标题

长度,如图 5-41 所示。旋转仪器,使之照准 C 点,同时测量 BC 边的长度和 ∠ABC 的角度,如图 5-42 所示。

调整仪器至盘右位置,照准 C 点,测量 BC 边长度,如图 5-43 所示。

旋转仪器,使之照准 A 点,同时测量 AB 边长度和 ∠ABC 的角度,如图 5-44 所示。

经过上述观测过程,即完成一个测回,接下来配置度盘,设置水平角度数为 90°,重复上述的观测步骤,即:A→C→C→A。此为第二测回。

在同一测站上完成两个测回后,需要迁站至下一测站,系统的三联脚架法导线测量模拟演示动画还包含了迁站的过程。

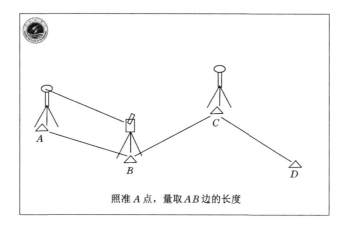

照准 A 点，量取 AB 边的长度

图 5-41　照准 A 点

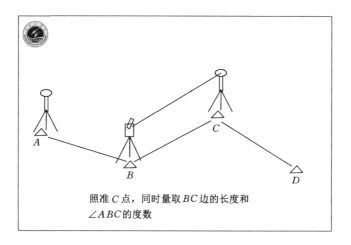

照准 C 点，同时量取 BC 边的长度和
$\angle ABC$ 的度数

图 5-42　照准 C 点

首先，A 点的脚架和棱镜迁站 D 点位置，B 点和 C 点上的脚架不动，将 B 点上的仪器和基座与 C 点上的棱镜和基座互换位置。这时，就相当于仪器架在了 C 点位置，棱镜架在了 B、D 点位置。重复第一测站上的观测方法，如此转换推进，即可完成三联脚架法导线测量，如图 5-45 所示。

在系统中，"三联脚架法导线测量"属"实验模拟操作"菜单下的二级菜单，调用 Shell() 函数，加载暴风影音视频播放器插件，用于播放动画，通过点击"实验模拟操作"菜单下的二级菜单"三联脚架法导线测量"，打开三联脚架法导线测量模拟演示动画。其中部分主要代码为：

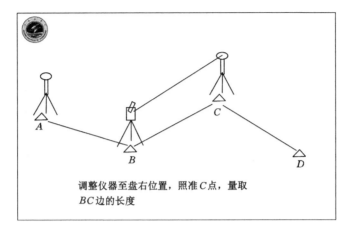

调整仪器至盘右位置，照准C点，量取
BC边的长度

图 5-43　盘右位置照准 C 点

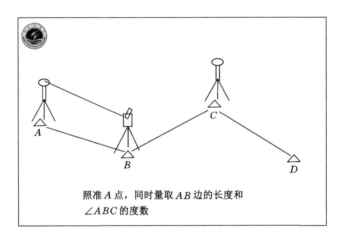

照准A点，同时量取AB边的长度和
∠ABC的度数

图 5-44　盘右位置照准 A 点

Private Sub Animationsanlian_Click()

　　Dim Animationsanlian As Integer

　　Animationsanlian＝Shell("E:\baofeng\setup\StormPlayer.exe

　　C:\Users\Administrator\Desktop\毕业论文软件集合\动画\三联脚

架法导线测量.swf")

　　End Sub

三联脚架法导线测量模拟演示动画播放界面如图 5-46 所示。

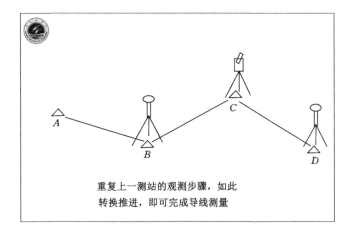

图 5-45　第二测站

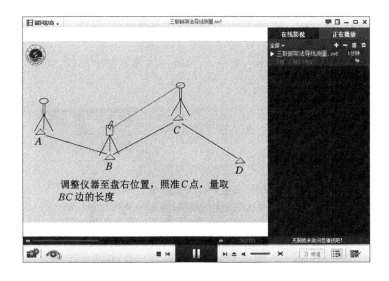

图 5-46　三联脚架法导线测量模拟演示动画播放界面

5.2.4　演示实验开发

5.2.4.1　精密大地测量仪器介绍

在实验演示视频播放初始,添加了一段导入视频,作为实验演示的开场视频,如图 5-47 所示。

系统主要介绍徕卡 TS30 全站仪、拓普康 GPT-7000i 图像全站仪、徕卡超站仪、拓普康 GTS-902A 智能测量机器人。

图 5-47　实验演示开场视频

徕卡 TS30 全站仪是徕卡公司生产的新一代智能型全站仪,如图 5-48 所示,其精度高、性能好。

图 5-48　徕卡 TS30 全站仪

拓普康 GPT-7000i 图像全站仪对测量技术进行了一场新的革命。其用于记录数字影像的内置 CCD 数码相机、高精度长距离无棱镜测距、TFT 彩色液晶显示屏以及最新的 Windows CE 操作系统等,结合附加的图像信号处理功能,给测绘工作者带来了前所未有的应用空间和最佳测量效率,如图 5-49 所示。

图 5-49　拓普康 GPT-7000i 图像全站仪

徕卡超站仪(SmartStation)是革命性的测量工具,它把徕卡 GPS1200 RTK 和徕卡 TPS1200/1200＋全站仪结合在一起进行测量。SmartStation 用 RTK 直接测定全站仪的位置,然后所有的测量和放样工作都由 TPS1200/1200＋全站仪实施,如图 5-50 所示。

图 5-50　徕卡超站仪(SmartStation)

系统中,"现代测量仪器的介绍"属于"实验演示"菜单下的二级菜单,调用

Shell()函数,加载暴风影音视频播放器插件,用于播放视频,通过点击"实验演示"菜单下的二级菜单"现代测量仪器的介绍",打开现代测量仪器的介绍视频。其中部分主要代码如下:

```
Private Sub videoxiandai_Click()
Dim videoxiandai As Integer
    videoxiandai＝Shell("E:\baofeng\setup\StormPlayer.exe
    C:\Users\Administrator\Desktop\毕业论文软件集合\视频\现代测
量仪器的介绍.avi")
    End Sub
```

现代测量仪器的介绍演示视频播放界面如图 5-51 所示。

图 5-51　精密大地测量仪器介绍演示视频播放界面

5.2.4.2　J2 经纬仪的认识与使用

J2 经纬仪由望远镜、竖轴系、读数系统、竖盘指标自动归零补偿器等部分组成。

在系统中,"J2 经纬仪的认识与使用"属"实验演示"菜单下的二级菜单,调用 Shell()函数,加载暴风影音视频播放器插件,用于播放视频,通过点击"实验演示"菜单下的二级菜单"J2 经纬仪的认识与使用",打开 J2 经纬仪的认识与使用视频。其中部分主要代码为:

```
Private Sub videoJ2_Click()
Dim videoJ2 As Integer
```

videoJ2＝Shell("E:\baofeng\setup\StormPlayer.exe

C:\Users\Administrator\Desktop\毕业论文软件集合\视频\J2 经纬
仪的认识与使用.avi")

End Sub

J2 经纬仪的认识与使用演示视频播放界面如图 5-52 所示。

图 5-52　J2 经纬仪的认识与使用演示视频播放界面

5.2.4.3　全站仪导线测量

全站仪测量闭合导线的具体过程为：

（1）测出每个夹角和距离。

（2）内业计算，算出闭合差，然后符合限差的话就反号按内角个数分配。

（3）算出改正后的方位角。

（4）坐标增量计算。

（5）求解每个点的坐标。

全站仪附合导线正倒镜测量，仪器的转动方向为：

左角：在导线前进方向左侧的水平角称为左角。

右角：在导线前进方向右侧的水平角称为右角。

观测方向少于 3 个时，附合导线采用测回法。

在系统中，"全站仪导线测量"属"实验演示"菜单下的二级菜单，调用 Shell（）
函数，加载暴风影音视频播放器插件，用于播放视频，通过点击"实验演示"菜单下的二级菜单"全站仪导线测量",打开全站仪导线测量视频。其中部分主要代码为：

Private Sub videodaoxian_Click()

Dim videodaoxian As Integer

    videodaoxian＝Shell("E：\baofeng\setup\StormPlayer.exe

    C：\Users\Administrator\Desktop\毕业论文软件集合\视频\J2 全站

仪导线测量.avi")

End Sub

全站仪导线测量演示视频播放界面如图 5-53 所示。

图 5-53　全站仪导线测量演示视频播放界面

5.2.4.4　精密水准仪的介绍与使用

在系统中，"精密水准仪的介绍与使用"属于"实验演示"菜单下的一个二级菜单，调用 Shell()函数，加载暴风影音视频播放器插件，用于播放视频，通过点击"实验演示"菜单下的二级菜单"精密水准仪的介绍与使用"，打开精密水准仪的介绍与使用视频。其中部分主要代码为：

Private Sub videojingmi_Click()

Dim videojingmi As Integer

    videojingmi＝Shell("E：\baofeng\setup\StormPlayer.exe

    C：\Users\Administrator\Desktop\毕业论文软件集合\视频\精密水准仪的介绍与使用.avi")

    End Sub

精密水准仪的介绍与使用演示视频播放界面如图 5-54 所示。

图 5-54　精密水准仪的介绍与使用演示视频播放界面

5.3　系统调试与编译

5.3.1　调试硬件环境

（1）电脑型号：联想 Z460 电脑一台、戴尔灵越 N5010 电脑一台及以上配置。

（2）处理器：英特尔 Core(TM)i5-2410M CPU @ 2.30 GHz 以上。

（3）显示适配器：英特尔 HD Graphics Family。

（4）安装内存(RAM)：2.00 GB 以上。

（5）硬盘：500 GB 以上。

5.3.2　调试软件环境

（1）操作系统：Windows7 旗舰版 SP1(32 位)、Windows XP SP3 等。

（2）应用软件：暴风影音、VB6.0 等。

5.3.3　稳定性测试

两台电脑独立完成各自的测试。不同的电脑厂家、型号及配置,不同的操作系统环境、运行系统,测试动画、视频等音视频的运行状况,在基础计算模块,输入相同的数据文件,其中数据文件的格式、大小、类型、内容完全一致,同样的操作步骤,可以测试出系统的适应性,避免系统只能适应特定电脑型号、配置及操作系统环境的弊端,检验是否可以得出相同的结果。经过测试,系统稳定性良好。

5.3.4　程序编译

程序编译的目的是将应用程序的工程框架和代码整合在一起,成为一个可执行程序,将程序文件和数据文件一起发布给用户,用户就可以独立运行该程序了。

编译的过程为:打开 VB 中的"文件"菜单栏的"生成 XX.exe"菜单项,在弹出的"生成工程"对话框中,选择生成的可执行文件的存放路径,并选择性地输入可执行文件的名称,然后单击"确定"按钮。

5.4　本章小结

大地测量学基础课程实验模拟操作演示系统是为了配合大地测量学基础课程实验中的实验模拟操作、实验演示和部分数据处理而开发的,根据软件工程理论,充分利用 VB 编程语言、Adobe Flash 动画制作软件、Adobe Premiere 视频处理软件、暴风影音播放软件、Adobe Effect 特效完成了系统的集成开发,实现了大地测量学基础课程的水准仪整平、水准仪 i 角检验、二等水准测量、全站仪结构、三联脚架法导线测量、精密大地测量仪器宣讲等实验教学的模拟操作、虚拟演示及示范引领。

大地测量学基础课程实验模拟操作演示系统建设与管理基于 OBE 教育理念,以学生为中心,致力于测绘工程专业工程教育认证和国家级一流专业建设,加强主干课程学习资源建设,以成果导向为出发点,以大纲考核为标准,实验内容全面反映教学目标要求,带领学生观看精密仪器工作原理,感知实验规范操作过程,提前预知实验方法,增强实验教学效果,不仅有利于学生全面理解实验理论知识,而且提高了学生自主学习、交流讨论的积极性。

6　课程实习教学设计与评价

6.1　实习设计与分析

6.1.1　实习类型选择与分析

6.1.1.1　实习类型

大地测量学基础实习根据对学生不同的培养要求分为教学实习、生产实习、科研实习。

（1）教学实习是学生学习大地测量学过程的一个重要组成部分，同时也是培养学生理论联系实际、分析问题和解决问题、实际动手及组织管理等能力的重要环节。

（2）生产实习是学生在完成全部课程和实习、实验、课程设计后，对理论知识有一定掌握的同时进入产业部门（企业）进行工作模式的实习，一般情况下都是企业或者部门与学校签订办学就业协议，双方遵循平等互利原则的一种办学模式。生产实习是一次综合性生产技能锻炼实习，其目的是巩固和运用所学的全部知识，特别是测绘专业的理论知识和课程实践技能，通过参加实际工作，理解和掌握大地控制测量技术与方法，锻炼分析问题和解决问题的实际能力。

（3）科研实习是将科学研究纳入大地测量学基础教学过程的独立科研训练，可以激发学生的创新性，培养学生综合运用基本知识和技能，独立研究和解决实际问题的能力，实现从选题到实践、总结、提高、理论化的完整科研过程训练，同时培养学生掌握从事科学技术研究的基本能力和方法。

在学生的学习过程中，实习是一门不可或缺的实践环节。实习绝非简单的所学内容的直观显示或重复。学生通过实践环节，可以加深对课堂理论知识的理解和巩固，将理论知识和实践结合起来，完成知识的升华。实习让学生学到了课堂上不能学到的实践知识，增加了社会阅历，提高了职业素养。因此学生要非常重视并且认真、努力地完成实习任务，培养自己的动手能力、独立思考能力和群体合作意识，提高实习的效果。

6.1.1.2　实习类型的分析

（1）大地测量学基础教学实习对于测绘类学生的作用是举足轻重的。同学们通过大地测量学基础的理论学习，再利用集中时间进行实践实习，不仅加深了对理论知识的理解和掌握，更能够熟练掌握大地控制测量技术与方法，可以扩大知识面，例如仪器的操作、数据的处理、坐标系的选择、控制网的布设，等等。同学们不仅能掌握课程实践技能，而且能培养团队意识和协调沟通能力，为以后更好地参加工作做准备。

（2）大地测量学基础生产实习对于测绘类学生来说是非常重要的，因为这类实习让学生们真正地走出学校、走向单位、走向社会。单从技术层面说，他们在单位学到的技术肯定更实际，针对性更强，更符合工程项目要求，因为生产单位技术更加符合社会和测绘行业需要，更有利于学生毕业后的就业；同时学生走出了学校，能学会处理同事关系、员工和领导关系、上级和下级关系，这些都能锻炼他们更好地适应社会的复杂性的能力；同时，同学们真正面向社会，有利于感受作为员工的组织纪律和职责要求。

（3）大地测量学基础科研实习相对于其他两项实习来说，需要学生较好地掌握理论知识，需要有创新精神和独立研究能力，需要有不断发现问题、分析问题和解决问题的能力，需要与相关老师更多地交流和沟通。科研实习随着社会对高科技的需求越来越高，需要师生及团队密切协作，更需要有对科学专研和付出的精神，需要学生查阅大量资料，并且分析这些资料，不断进行实验、分析与总结。

总之，大地测量学基础每类实习都能培养学生多方面的能力与素质，只不过侧重点不同，师生在选择实习的类型时要根据学生的培养计划和实习本身的特点去选择，达到目的明确、实践到位、效果满意。

如果选择教学实习模式，进行实习的主要目的是培养学生理论结合实践的能力，一般该项实习会安排在学生完成大地测量学课程后。教学实习让学生们主要理解和掌握大地控制测量技术要点与方法，包括全站仪、水准仪使用方法及闭合水准测量、导线测量等。教学实习是在老师的指导下由多名同学组成的小组去完成测量任务，学生在实习中遇到的困难和难点都可以请教老师，另外小组组员之间可以互相帮助，由实践能力较好的同学帮助较差的同学学习更多的知识。这项实习一般安排在学校附近周边地区进行，学生可以在野外进行测量回学校进行内业处理，同时生活上也是很方便的。

如果选择生产实习模式，进行实习的主要目的是培养学生深入学习实际大地控制测量技术及生产工作能力。一般这项实习需要学生走向社会，去企业单位实习和学习。在企业需要学生首先参与工程实践，更实际地处理大地控制测量工作,全面提高沟通、交流能力。虽然这些生产实践内容在学校都已经学习,但具体到实际工程,还必须区别对待,需随着天时、地利、人和而随机应变,测量方法与方式都会存在差异,需要不断向现场技术人员学习实践,需要体验正式职员工作状态,提前去步入单位、适应社会,培养自己更多方面的能力。

科研实习顾名思义就是从事科学研究的实习,随着社会对科学研究的投入越来越大,这项实习越来越被重视。如果选择科研实习模式,真正体验从事研究工作的科学性、坚毅性和自信性,需要同学们对大地测量学基础以及相关学科的知识体系有全面的理解和掌握,需要有一定专研的能力和遇到困难不气馁的决心,需要自己更多的努力和团队的协作。

6.1.2 实习内容的选择与分析

大地测量学基础实习的主要内容为平面控制测量、高程控制测量和数据处理三方面。

6.1.2.1 控制测量的概述和分类

6.1.2.1.1 概述

在测量工作中,首先在测区内选择一些具有控制意义的点,组成一定的几何图形,形成测区的骨架,用相对精确的测量和计算方法,在统一坐标系中,确定这些点的平面坐标和高程,然后以它为基础来测定其他地面点的点位或进行施工放样,或进行其他测量工作。对控制网进行布设、观测、计算,确定控制点位置的工作称为控制测量。

6.1.2.1.2 分类

控制测量分为平面控制测量和高程控制测量。平面控制测量用来确定控制点的平面坐标;高程控制测量用来确定控制点的高程。

6.1.2.1.3 平面控制测量

平面控制测量采用的方法有三角网测量、导线测量、交会测量、天文测量、GPS测量。

(1)三角网测量:在地面上选定一系列的控制点,构成互相连接的若干个三角网,组成各种网状形状。

(2)导线测量:通过观测导线边的边长和转折角,根据起算数据经计算而获得导线点的平面坐标。

(3)交会测量:利用交会定点法来加密平面控制点,包括测角交会、侧边交会、边角交会。

(4)天文测量:在地面点上架设仪器,通过观测天体(如太阳)并记录观测瞬间的时刻来确定地面点的天文经度、天文纬度和该点至相邻点的方位角。

(5)GPS测量:以分布在空中的多个GPS卫星为观测目标来确定地面点的

三维坐标。

在平面控制测量方法中,现主要对三角网测量、导线测量、天文测量、GPS测量的优缺点等进行分析,如表 6-1 所列。

表 6-1　平面控制测量方法的比较

测量方法	优点	缺点	使用环境
三角网测量	几何条件多,图形简单,结构强,便于检核,网中推算边长、方位角具有必要的精度	边长精度不均匀,距起始长愈远精度愈低。易受障碍物的影响,布设困难	在开阔、障碍物较少的地方可以使用,主要用来加密导线。军事研究上也有使用
导线测量	控制网布设灵活,受地形限制小,边长的精度分布均匀	检核条件不够,粗差有时不易发现,控制网面积不如三角网大	一般城市中基本都可以使用,特别是隐蔽和建筑物多而通视困难的地方
天文测量	各点彼此独立观测,也无须点间通视,组织工作简单,测量误差不会累积	定位精度不高	用来观测天体确定地面点的天文经、纬度和该点相邻点的方位角
GPS 测量	测量精度高,观测时间短,仪器操作简便,全天候作业,测站间无须通视	数据链传输受高层建筑物、高山的干扰和限制,受天空环境影响,受卫星状况限制	只要能够接收到卫星信号的地区都能使用,尤其是地形复杂的地区

(1) 随着测距技术的发展,导线网的布设更加普及,在平面控制测量工作中导线测量的地位越来越重要。

导线测量的优点:网中各点的方向数较少,除节点外只有两个方面,故布设灵活,推进迅速,受地形限制小,边长的精度分布均匀。在隐蔽地区容易克服地形障碍,导线测量只要两点通视,故可降低站标高度,造标费用少,且便于组织观测,工作量也小,受天气影响小。网内边长直接测量,边长精度均匀。如在平坦隐蔽、交通不便、气候恶劣地区,采用导线测量法布设大地控制网是有利的。

缺点:导线结构简单,没有三角网那样多的检核条件,有时不易发现观测中的粗差,可靠性不高,其基本结构是单线推进,故控制面积不如三角网大。

(2) 三角网测量法的优点是几何条件多,图形简单,结构强,便于检核,用高精度的测量网中的角度,可以保证网中推算边长、方位角具有必要的精度。

缺点是:精度推算而得到的边长精度不均匀,距起始长愈远精度愈低。在平原地区或隐蔽的地区易受障碍物的影响,布设困难。

(3) 天文测量法:该观测方法的各点彼此独立观测,也无须点间通视,组织工作简单,测量误差不会累积,但是它的定位精度不高。它不是建立国家平面控制网的基本方法,但是它的作用必不可少,为了控制平面角观测误差累积对推算方位角的影响,需要在每隔一定距离的三角点上进行天文观测。

(4) GPS 测量主要优点:① 测量精度高。② 测站间无须通视,可根据实际需要确定点位,使得选点工作更加灵活方便。③ 观测时间短。目前在进行 GPS 测量时,静态相对定位每站仅需 20 min 左右,动态相对定位仅需几秒钟。④ 仪器操作简便。目前 GPS 接收机只需观测人员对中、整平、量取天线高及开机后设定参数,即可进行自动观测和记录。⑤ 全天候作业。GPS 卫星数目多,且分布均匀,可保证在任何时间、任何地点连续进行观测,一般不受天气状况的影响。

缺点:① 受卫星状况限制,高山等地方观测时间也会受到限制。② 受天空环境影响,卫星的观测时间受天空中电离层的影响。③ 数据链传输受高层建筑物、高山的干扰和限制,作业半径比标称距离小。④ 初始化能力和所需时间问题。⑤ 电量不足的问题,RTK 耗电量大,在山区使用时受限制。

在以往的观测总结中,导线测量对周围环境的要求不是很高,观测方向少,相邻点通视等要求比较好达到,导线的布设比较灵活,观测和计算工作较简便,所以这个方法在实习测量时一般用得比较多,相对的优势也比较大,但是它的控制面积小,缺乏有效可靠的检核方法。而三角网测量控制面积大,有利于加密图根控制网,在需要大型的控制面积时,会使用三角高程测量。但是三角高程测量需要构成固定的图形,点位的选择相对来说限制因素比较多,随着电磁波测距技术的发展和电磁波测距仪的普及,一般测量员更多地用导线测量来代替三角网测量。

综上所述,在城市一般的普通平面控制测量中多采用导线测量,虽然也可以采用 GPS 测量而且它相对的精度也高,但是从经济方面考虑,选用全站仪做导线测量所用的经费相对较少,而且导线测量的精度也能够达到要求,相对来说观测和计算比较方便,控制网布设简单。

6.1.2.1.4 高程控制测量

高程控制主要通过水准测量方法建立,而在地形起伏大、直接利用水准测量较困难的地区建立低精度的控制网以及图根高程控制网,可采用三角高程测量方法。GPS 高程测量可精确地测定控制点的大地高,可通过高程异常(大地水准面差距)模型将大地高转化为正常高(正高),后者称为 GPS 水准,主要用于地形比较平缓的地区。

(1) 在高程测量中,除了水准测量外,还可以用经纬仪观测竖直角进行三角高程测量。在地形起伏比较大的地区进行水准测量较困难时,多用三角高程测量方法。三角高程测量方法的原理是根据两点间的水平距离和天顶距或倾斜距离和竖直角应用三角学的测量公式计算两点间的高差。它观测方法简单,不受地形条件限制,是测定大地控制点高程的基本方法。在三角网或导线网中,由三角高程测量可以测定两点之间的椭球面高差,若再由水准测量求出这些点对于大地水准面的高程,则可得出各点上大地水准面对于椭球面的差距。因此,从理论上来看,三角高程测量也是一种测定地球形状的手段,它不依赖于任何假定。但由于人们一般不能以足够精度测定折光系数,因此三角高程测量迄今只能用于测定低精度的高差。

(2)水准测量是测定地面点高程的主要方法之一。水准测量主要使用水准仪和水准尺,根据水平视线测定两点之间的高差,从而由已知点高程推求未知点高程。水准测量根据不同的精度要求分为普通水准测量(三、四等水准测量)和精密水准测量(一、二等水准测量)。水准测量精度还是比较高的,但是只适合在比较平坦的地区观测。水准测量的误差来源比较广,包括仪器误差、观测误差和外界条件等。一般要求对误差进行控制,尽量控制误差的范围。

① 各等级的水准点,要求埋设水准标石。水准点应选在土质坚硬、便于长期保持和使用方便的地点。墙面上的水准点应选设于稳定的建筑物上,点位要便于找寻,并符合规定要求:一个测区及其周围至少需要有 3 个水准点。水准点与水准点之间的距离应符合规定,水准测量应在标石埋设稳固后进行。

② 两次观测的高差超限时必须重测。当重测结果与原测结果分别比较,其较差均不超过限值时,应取 3 次结果数的平均值数。

③ 在测量仪器的安装过程中和测量时应注意:最好使用一个水准点作为高程起算点。当厂房较大时,可以增设水准点,但其观测精度应相应提高。

④ 水准测量所使用水准仪的视准轴与水准管轴的夹角应符合规定。水准尺上的平均间隔长度与名义长度之差应符合规定。

现主要对水准测量和三角高程测量进行介绍和分析。综合来说,高程控制一般选用水准测量方法,主要因为它测量方便,水准仪便于操作和观测,计算简单,精度较高。而且随着科技的不断发展,水准仪的更新换代不断加快,现在一般外业的高程测量都是用 DSZ2 和 DSZ3 这些高精度的自动安平水准仪,它们的出现让水准测量工作更加的简单和方便,出现的误差更小。最近几年还出现了像电子水准仪这样高科技的仪器,它能够测量、记录、计算一步到位,在误差影响方面,数字水准仪与精密水准仪相比减少了读数误差的影响,避免了记录误差的产生,从而具有很大的优势。

在一般的城市地区和地形较平坦的地区进行的高程测量多采用水准测量,它的优势主要体现在操作和计算方便上,而且相当经济,精度也能达到要求。当然精度要求越高采用水准测量的等级越高,使用的仪器也会越先进。在山区和地形较复杂的地区水准测量可能就无法满足测量的要求,这些地区的通视情况下降,工作量加大,一般这种情况下测量工作人员也会采用 GPS 水准测量。有时候他们也会选择水准测量结合 GPS 水准测量。这些方法的使用和选择还要看测量的具体要求和测量的环境因素等。江苏海洋大学大地测量学基础实习中,水准测量等级为二等精密水准测量,学生一般选用 DS1 水准仪和电子水准仪进行测量,精度能够满足二等水准测量技术限差要求。

6.1.2.2　数据处理

　　主要介绍大地测量数据处理的概算和平差工作。概算不仅能够系统地检查和评价外业观测成果的质量,而且能够将地面观测成果化算到高斯平面上,为平差做好数据准备工作。另外,通过概算的方法计算各控制点的坐标,为其他工作提供未经平差的控制测量基础数据。

　　图 6-1 流程图简要说明了大地测量学基础实习数据的处理过程。

6.1.3　实习时间的选择与分析

6.1.3.1　实习时间长短的选择

　　实习时间的长短和实习季节的选择对于整个实习进展和效果的影响是很大的。一般实习时间分为 3 周、1 个月、2 个月、3 个月和半年等。实习的要求不同选择的时间长短也不同,实习时间长所要求的成果或者对学生的要求就相对严格些,实习时间较短对成果或者其他方面的要求就宽松些。教学实习一般安排的时间为 1 个月,生产实习一般为 3 个月,而科研实习一般为 3 周以上。时间较长的实习学生能够学到的东西自然较多,但是对学生的要求也会高很多。

　　例如:教学实习,学生需要完成老师布置的测量工作,完成一定范围内的测量工作,其中包括测区的布点、埋点、控制网的布设、已有资料的整理、测区的导线测量、精密水准测量、内业的处理、绘制点之记、实习成果的整理、日记的记录等。而生产实习是需要学生深入单位学习,像公司的正式员工一样做完一个工程就要接着做下一个工程,处理完一份数据就要接着处理下一份数据,实习期内和正式员工一样上下班,学习测量方面的知识和处理数据的一些知识。科研实习时学生首先选择科研题目或者确定研究方向,通过查阅文献资料了解大地测量学研究领域的发展动态,在研究室或者实验室做实验,遇到不明白的地方去图书馆查阅各种自己需要的资料,不停地改进自己的研究思路,总结出一个切实可行的研究方案,并对各个方案中选定或制定的技术路线进行简要论述,最后提出自己的最优方案,实施并完成研究内容。

6.1.3.2　实习季节的选择

　　实习季节的选择也是很重要的。一般春秋季节天气比较舒适,不管是环境还是温度等都比较适合观测,适合白天任何时间段做外业,但是春秋天正处于刚

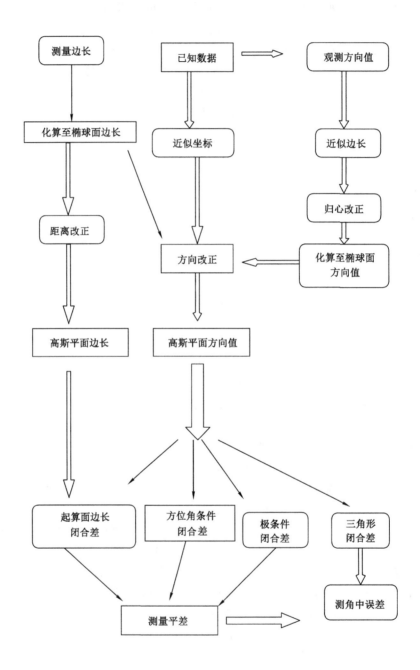

图 6-1 大地测量学基础实习数据的处理流程图

开学阶段,学业比较繁重,学生不太可能抽出时间去进行长时间的外业操作,而且环境、气温等因素不利于锻炼学生的意志。而冬天温度太低,风也大,日照时间也比较短,白天作业时间也短,而且学生穿的衣服比较多,不便于活动,虽然这个时间段学生的课程安排较少,但是由于寒假的时间较短,一般不在冬天安排时间较长的实习。夏天天气炎热,温度高,但早上和下午适合观测;另外暑假前后课程安排较少,天气炎热也能够较好地锻炼学生的意志,所以一般把大型的实习安排在这个时间段。

在大地测量学基础实习中,科研实习基本都在室内进行,受温度和天气因素影响较小,所以一般把它安排在冬季寒假前一段时间,这段时间天气比较寒冷,学生基本都在室内活动,适合进行室内研究。另外学生的课程少,老师任务也不重,实习时间比较宽裕,有利于学生出成果。教学实习按照要求就安排在暑假时间段前,这段时间天气比较炎热,可以锻炼学生的意志,另外课程较少,时间也很空余,老师也有时间指导学生,学生也有足够时间去完成整个实习过程。只要学生合理地安排实习时间成果和实习效果都会不错。生产实习一般安排在暑假后开学初,大四的学生这段时间课程很少,有时间去单位实习,而单位这段时间的工程量也比较多,可以让学生学到很多知识。

6.1.3.3　实习时间的分析

总体来说,实习时间的长短和季节安排还是要按照学校安排的实习的具体类型和要求来选择,不同季节的天气和温度因素不同,不同的时间长短对应学生需要完成的任务也不同。

例如教学实习就把实习期选择在 7 月到 8 月之间的一个月,这个时间段相对来说更符合实习的要求,一方面,这一月学生的课程比较少或者没有,他们有充足的时间完成实习的内容;另一方面,这一个月天气相对比较炎热,能够更好地锻炼学生吃苦的精神,同时也培养他们团结协作、合理安排实习时间的能力。在这一个月的时间内学生要完成二等精密水准[大于(5＋1)个点]至少 5 km 测量工作(往返),包括外业选点观测计算;全站仪二级导线[大于(8＋2)个点]测量工作(往返),包括导线边长与角度的测定、观测值归化计算及光电导线平差计算工作。

大规模的生产实习一般有 3 个月的时间,一般学校会把实习期安排在 9 月到 11 月,这项实习期间学生是不在学校的,一般这个时间段单位和企业的工作量较大,学生进入企业后就要求马上转变角色,以最快速度融入企业。学生需要参与完成 3 个月内单位的半数以上项目,并且在项目中起到一定的作用。

科研实习一般安排在学生放寒假前的一个时间段,这个时间段学生相对空闲,另外天气寒冷不适合做外业实习,但可以从事科研方面的研究。给学生提供科研实践的机会,可以使其尽早进入专业科研领域,接触学科的前沿,明晰学科发展的动态。学生在老师的指导下合理地选择并设计研究课题,完成实验,并写出科研训练报告。学生通过科研训练,在毕业时将具有一定的创新意识和创新能力,有一定参与试验和实践的能力以及分析问题和解决问题的能力。

上述这样的实习安排虽然可能不是最符合每一项实习的要求,但是综合起来考虑应该能够很好地满足学校对于每项实习的要求,而且时间充足,可以让学生学到更多的知识,充分地锻炼他们各方面的能力。

6.1.4 实习仪器的选择与分析

进行实习仪器的选择之前必须先掌握学校测绘实验中心的仪器种类、数量及状况等,大地测量学基础实习之前先对水准仪、全站仪等进行统计、分析及选择。

6.1.4.1 水准仪

首先对水准仪进行统计,如普通水准仪靖江 DS3、水准仪钟光 DS3-DZ、精密水准仪靖江 DS1、精密自动安平水准仪苏一光 DSZ2、自动安平水准仪华光 DSZ3-24、电子水准仪 DINI0.3、中纬数字水准仪 ZDL700 等。然后对每个仪器进行分析,如表 6-2 所列。

表 6-2 不同型号水准仪的主要参数比较

水准仪型号	望远镜放大倍率	每千米往返测量标准偏差	补偿精度	安平精度	圆水泡精度	100 m 视野	价格区间	夜间及隧道测量	实验室现有数量
普通水准仪靖江 DS3	≥30 倍	≤3.0 mm	±8′	±0.5″	20′/2 mm	0.8 m	200 元左右	不可以	5 台
水准仪钟光 DS3-DZ	≥30 倍	≤3.0 mm	±8′	±0.5″	20′/2 mm	0.8 m	850 元左右	不可以	3 台
精密水准仪靖江 DS1	≥40 倍	≤1.0 mm	±8′	±0.3″	10′/2 mm	1.5 m	1 500 元左右	不可以	5 台
精密自动安平水准仪苏一光 DSZ2	≥32 倍	≤1.0 mm	±15′	±0.3″	8′/2 mm	1.3 m	2 500 元左右	不可以	12 台
自动安平水准仪华光 DSZ3-24	≥24 倍	1.0 mm	±15′	±0.3″	8′/2 mm	1.0 m	670 元左右	不可以	13 台
电子水准仪 DINI0.3	≥32 倍	0.3～0.7 mm	±15′	±0.2″	3′/2 mm	2.8 m	40 000 元左右	可以	2 台
中纬数字水准仪 ZDL700	≥24 倍	0.7 mm	±10′	±0.35″	5′/2 mm	2.0 m	20 000 元左右	可以	12 台

（1）普通水准仪靖江 DS3：DS3 水准仪适用于三、四等水准测量，一般工程测量，大型机器设备安装，桥梁、公路、铁路及建筑施工测量工作。在遵守测量规范进行操作的条件下，仪器可保证每千米往返测高差中数标准偏差±3 mm，是学生练习操作常用的仪器型号。特点：仪器可在＋45～－25 ℃环境中工作，精度可靠。

（2）水准仪钟光 DS3-DZ：该仪器主要用于一般工程测量、大型机器的安装及各种建筑施工测量等。主要技术参数及用途：望远镜放大倍率为30X，物镜有效孔径为 42 mm，成像为正像，每千米往返测量标准偏差±3 mm。仪器测量精度较高，操作简单，质量轻便，便于携带。

（3）精密水准仪 DS1：DS1 仪器采用内置式的测微平板结构，采用全密封设计，能有效地防尘防水，密封等级可达 IP55；放大倍率更大，观测目标更清晰；补偿器的固定采用新的方法，更可靠，提高了仪器的稳定性；仪器外观平衡协调，安置更稳定，水准器居中性能更好，使用更加方便快捷。DS1 精密水准仪主要用于国家二、三等水准测量，建筑工程测量，变形及沉降监测，矿山测量，大型机器安装，工具加工测量和精密工程测量。仪器利用自动补偿技术和数字式光学测微尺读数系统，可大大提高作业效率和测量精度。

（4）精密自动安平水准仪苏一光 DSZ2：该仪器可用于国家二、三、四等水准测量及地形、工程、矿山水准测量。仪器采用了自动补偿机构，可提高测量精度和工作效率及免出差错。仪器可在－30～＋50 ℃环境下使用。它的主要特点是具有自动安平检查按钮，密封防尘，操作简便，结构紧凑，外形美观，可加配平测微器，可用于国家二级水准测量及精密沉降观测，具有卓越的温度补偿性能。

（5）自动安平水准仪华光 DSZ3-24：DSZ3 系列自动安平水准仪望远镜成正像，设有自动安平机构，使用方便，仪器轻巧，有较好的防水性能。DSZ3-24 自动安平水准仪每千米往返测量标准偏差±2.0 mm，DSZ3-32 自动安平水准仪每千米往返测量标准偏差±1.5 mm。仪器主要用于一般工程测量、大型机器设备安装及各种建筑施工测量等。

（6）电子水准仪 DINI0.3：DINI 电子水准仪是目前世界上高精度的电子水准仪之一，其各项指标都明显优于其他电子水准仪。其性能卓越、操作方便，使水准测量进入了数字时代，大大提高了生产效率，已广泛应用于地震、测绘、电力、水利等系统，在各项重大工程中发挥着强大的作用。DINI 电子水准仪学习使用非常简单，它有着结构清楚、界面友好的操作菜单、数字输入键及 22 个功能键。大而清晰的图形显示面板，可确保在任何天气条件下都能清晰地读取数据。

（7）中纬数字水准仪 ZDL700：该水准仪可满足二到四等水准测量的精度要

求,内置多种测量模式和测量程序,电子读数,自动记录,彻底消除人工读数的判读错误,瞬间完成测量,单次测量 3 s 以内完成,提高 50% 的外业测量效率。只需 3 步:照准、测量、显示结果,就可得到测量值。而且具备高等级的防尘防水性能,提供了多种测量模式,包括国内首创的水准等级测量程序,该程序实现了测量流程的提示,内置了国家测量规范中的限差,可以实时计算前尺高程以及提供环闭合差等。

随着科学技术的不断发展,水准仪也经历了革命性的发展,从光学水准仪到电子(数字)水准仪,在误差影响方面,数字水准仪与精密水准仪相比减小了读数误差的影响,避免了记录误差的产生,从而具有很大的优势。同样水准仪的精度也在不断地提高。现在市场上的水准仪产品很多,选择水准仪时首先要考虑控制网的要求:一、二等水准网精度要求高,选择高精度的水准仪,三、四等水准网可选择精度相对低一些的水准仪。

大地测量学基础教学实习进行的是二等精密水准测量工作,精度要求较高,选用 DSZ2 与中纬数字水准仪 ZDL700 可以达到测量精度要求,不选择 DS1、电子水准仪 DINI0.3 等精度更高的仪器设备,这样更有利于提高教学练习效果。

6.1.4.2　全站仪

全站仪的组成结构如图 6-2 所示。学校测绘实验中心的全站仪主要有南方全站仪 NTS-962、宾得全站仪 R-202N、拓普康全站仪 GTS-336、中纬全站仪 ZT80XR、中纬全站仪 ZT20R、徕卡全站仪 TC-400,如表 6-3 所列。

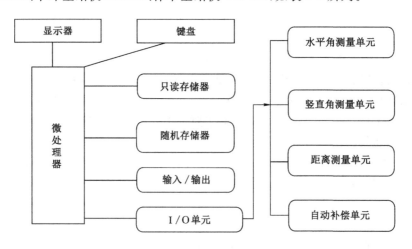

图 6-2　全站仪组成结构示意图

表 6-3　不同型号全站仪的主要参数比较表

参数比较	型　号					
	南方全站仪 NTS-962	宾得全站仪 R-202N	拓普康全站仪 GTS-336	中纬全站仪 ZT80XR	中纬全站仪 ZT20R	徕卡全站仪 TC-400
测量精度	2 mm+2 ppm①	2 mm+2 ppm (有棱镜)/ 5 mm+2 ppm (无棱镜)	2 mm+2 ppm	2 mm+2 ppm (有棱镜)/ 2 mm+2 ppm (无棱镜)	2 mm+2 ppm (有棱镜)/ 2 mm+2 ppm (无棱镜)	2 mm+2 ppm (有棱镜)/ 2 mm+2 ppm (无棱镜)
测程(包括有无棱镜)	单棱镜(1 800 m)/ 棱镜组(2 600 m)	单棱镜(2 200 m)/ 棱镜组(3 000 m)/ 无棱镜(180 m)	单棱镜(3 000 m)/ 棱镜组(4 000 m)	单棱镜(3 500 m)/ 棱镜组(5 400 m)/ 反射片(250 m)	单棱镜(3 000 m)/ 无棱镜(280 m)	单棱镜(3 500 m)/ 反射片(250 m)
放大倍数	≥30 倍	≥30 倍	≥30 倍	≥30 倍	≥30 倍	≥30 倍
视场角	1°30″	1°30″	1°30″	1°30″	1°30″	1°30″
最短视距	1.0 m	1.0 m	1.3 m	1.7 m	1.7 m	
连续工作时间	连续工作 8 h	连续工作 8 h	连续工作 10 h	连续工作 15 h, 测角模式连续工作 20 h	连续工作 12 h	一般工作时间为 20 h
测量时间	精测 3 s/跟踪 1 s	精测 2.0 s/粗测 1.2 s/跟踪 0.4 s	精测 1.2 s/粗测 0.7 s/跟踪 0.4 s	精测 2.4 s/粗测 0.8 s/跟踪 0.12 s	精测 2.4 s/粗测 1.0 s/跟踪 0.4 s	标准 2.4 s/快速 0.8 s/跟踪 0.15 s
电源类型	可充电镍-氢电池	可充电镍-氢电池	可充电镍-氢电池	高能锂电	高能锂电	高能锂电
工作系统类型	3.5 英寸彩屏, Windows CE. NET 4.2 中文操作系统	内置功能强大的 PowerTopolite 软件, Windows CE 中文操作系统	Windows CE 中文操作系统	Windows CE. NET 6.0 中文操作系统	Windows CE. NET 6.0 中文操作系统	Windows CE. NET 5.0 Core 中文操作系统
实验室现有仪器数量	10 台	10 台	6 台	8 台	26 台	1 台

表 6-3(续)

参数比较	型 号					
	南方全站仪 NTS-962	宾得全站仪 R-202N	拓普康全站仪 GTS-336	中纬全站仪 ZT80XR	中纬全站仪 ZT20R	徕卡全站仪 TC-400
主要特点	彩色触摸屏,无须通过键盘,可以直接操作。采用绝对编码度盘,开机无须初始化。图形化界面,采用直观人性化的 Windows 界面,用户还可以自编测量程序	绝对编码器,大显示屏和键盘。激光对中。发射垂直向下的激光,多种测距类型。测距的速度也十分快。具有防尘防水性能,标准化电池提供最佳性价比的电池设计	机身小、画面大、全中文显示,带有数字/字符键,内置强大的道路测设软件,操作简捷;有充足的内存空间,防尘等级达 IP66 级;装备长效电池	采用 Windows CE 操作平台,操作更快捷,为中国用户定制开发更多机载程序;增加蓝牙及 USB 通信方式;采用大容量锂电池,支持 20 h 作业时间;增加液晶加热功能,免棱镜测程进一步增加到 600 m	采用 Windows CE 操作系统,拥有稳定的性能和全新轴系;通过了瑞士 TPM 的高精度的角度测试,满足了 2″ 级仪器的精度要求;采用大容量锂电池,工作时间长达 10 h,有力地支持外业测量作业	采用大屏幕高分辨率显示器,界面全中文显示,操作流程直观方便,通过简单的菜单结构和综合的测量程序,可方便地完成测量、放样等工作;配置红外和激光双光源同轴测距系统;大容量内存可满足日常测量工作中保存数据的需要
价格范围	28 000 元左右	45 000 元左右	60 000 元左右	70 000 元左右	46 000 元左右	85 000 元左右

注:① 1 ppm=1×10^{-6},全书同。

(1) 南方全站仪 NTS-962。南方该系列全站仪使用彩色触摸屏,无须通过键盘,可以直接操作。采用绝对编码度盘,开机无须初始化。在测量过程中,如果出现掉电式关机,重新启动仪器仍保留原有信息,大大方便了测量工作者。图形化界面,把众多繁杂的专业操作转换成直观的图形操作。采用直观人性化的 Windows 界面,用户还可以自编测量程序。

(2) 宾得全站仪 R-202N。宾得该系列全站仪采用绝对编码器、绝对编码度盘,操作更加方便,由于具有绝对编码度盘,在开机后无须再上下转动测距部及仪器进行垂直度盘和水平盘初始化,在作业中即使意外关机,开机后再观测,也无须再寻找基准方向;大显示屏和键盘大幅面显示图形和文字,操作十分方便。该仪器采取激光对中,由于激光对中的光点是可见的,并具有分阶亮度调节,对中作业十分简单,发射垂直向下的激光,就可方便地进行对中作业,具有多种测距类型按照准目标测量。

（3）拓普康全站仪 GTS-336。机身小、画面大、全中文显示，带有数字/字符键，野外输入更方便；内置强大的道路测设软件，操作简捷；有充足的内存空间供数据存储，可存储 24 000 个观测点 24 000 个坐标点；特别耐用；防尘等级达 IP66 级；装备长效电池（BT-52QA），作业时间达 10 h；测角精度±2″，绝对法测角，无须过零检验，测距精度±（2 mm＋2 ppm×D），测程 3 km/单棱镜。

（4）中纬全站仪 ZT80R。采用 Windows CE 操作平台，操作更快捷，为中国用户定制开发更多机载程序；增加蓝牙及 USB 通信方式；采用大容量锂电池，支持 20 h 作业时间；增加液晶加热功能，确保仪器能够适应－30 ℃更严寒测量环境，免棱镜测程进一步增加到 600 m，为高品质工程测量及测图提供更强劲的支持。

（5）中纬全站仪 ZT20R。采用 Windows CE 操作平台，让仪器具有更流畅的操作系统和更稳定的性能；独有的激光对中器，保证精度可靠；全新的进口无棱镜 EDM 和软件系统，同时保持了原有的相位法的测距原理，提升了测距速度。

（6）徕卡全站仪 TC-400。为建筑施工测量而特别设计的全站仪，能适应建筑工地的复杂环境，并以其性能可靠、操作简便的特点快速地完成测量任务。采用大屏幕高分辨率显示器，界面全中文显示，可配置红外和激光双光源同轴测距系统，激光无棱镜测距测程大。

全站仪以其效率高、功能强、作业简便等优势迅速得到广泛应用，特别是在大地控制测量中应用很多。全站仪的类型随着科学技术的不断发展日益增多，国产的有南方测绘公司的全站仪，国外的有日本宾得和拓普康、瑞士莱卡、德国蔡司、美国天宝等公司的全站仪，还有比较先进的一些厂家的测量机器人等。

大地测量学基础实习要求为四等普通导线测量，南方全站仪 NTS-962、中纬全站仪 ZT20R、宾得全站仪 R-202N、徕卡全站仪 TC-400、拓普康全站仪 GTS-336、中纬全站仪 ZT80XR 都能够满足实习精度的要求。考虑测量精度要求及性价比，选择中纬全站仪 ZT80XR，采取三联架法进行导线测量实习。

6.1.5 实习环境的选择与分析

实习环境的选择一般分为实习地点的选择和实习范围（等级）的选择，同样也包括实习的安全问题。

（1）测区地点的选择需要考虑所选择地点的地理位置、交通条件、气候条件、地形和地貌，相对来说交通条件和地形地貌考虑得比较多。交通条件包括该地区人流量和车流量以及交通工具方不方便等；地形和地貌则需要实习的学生了解该测区地形起伏的变化情况，选择合理的布设方案，对于地形和地貌都需要实习的学生事先去测区查看，把现场的一些情况写入实习的要求和设计方案里。下面对精密水准测量、精密导线测量实习环境的一些要求进行简单的分析：

① 精密水准测量观测一般在学校内或者学校附近,各自构成独立的闭合环线。实习的测区如果选择在校外,除了必要的测量在学校外,其他的练习、检验仪器都选择在学校里面。

② 精密导线测量如果测区在校外,除已知点外,导线点选点应该避开人流、车流多的十字路口等地方。

（2）城市导线网、GPS 网、水准网的等级和范围如表 6-4～表 6-7 所列。

表 6-4　城市导线网的等级和范围

等级	闭合环或附合导线长度/km	平均边长/m
三等	15	3 000
四等	10	1 600
一级	3.6	300
二级	2.4	200
三级	1.5	120

表 6-5　城市 GPS 网的等级和范围

等级	平均距离/km
二等	9
三等	5
四等	2
一级	1
二级	<1

表 6-6　城市 GPS 网的级别和范围

等级	相邻点的平均距离/km
AA	1 000
A	300
B	70
C	10～15
D	5～10
E	2～5

表 6-7　城市水准网的等级和范围

水准点间距离 （测段长度）/km	建筑区	1～2
	其他区	2～4
环线或附合于高级点间水准 路线的最大长度/km	二等	400
	三等	45
	四等	15

（3）在实习中实习范围（等级）的选择首先根据实习的类型和要求来决定。下面对水准测量和导线测量的等级进行分析。

① 一般水准测量的等级是根据国家水准网来定的。国家水准网布设成一等、二等、三等、四等 4 个等级。其布设采用从高级到低级、从整体到局部、分级布置、逐级加密的原则。等级是根据环线周长、附合路线长、偶然中误差、全中误差来划分的。一等水准测量精度最高，依次降低。一般实习使用二等（精密）水准测量。

② 根据测区的不同情况和要求，导线可布设成下列三种形式：

闭合导线：起讫于同一已知点的导线。

附合导线：布设在两已知点间的导线。

支导线：由一已知点和一已知边的方向出发，既不附合到另一已知点，又不回到原起始点的导线。

用导线测量方法建立小地区平面控制网，通常分为一级导线、二级导线、三级导线和图根导线等几个等级。一般实习测量会使用到四等或一级导线，而且导线布设为附合或闭合导线网。

（4）实习的安全考虑：实习期间学生要遵纪守法，团结互助，一起完成实习。由于实习期间不在学校，学生需要注意自己的人身财产安全；注意交通安全，尤其是骑车和在马路上测量时要按照规定穿安全马甲；注意饮食安全，不要随便吃不卫生的食品和饮用水。在野外作业时要注意一些有毒的动植物，不要随意乱跑，天气热要注意防暑，跌伤和擦伤时要有紧急处理的意识，随身带一点药品。在保证人身安全的情况下也要保证测量仪器和工具的安全，在仪器使用和搬迁时，要小心爱护仪器，防止摔坏、碰坏，做到人不离开仪器，有仪器的地方就有人。遇到紧急状况不要着急，要沉着处理并及时向有关老师、负责人报告。总之，实习时一定要把保证人身安全放在第一位。

6.1.6　实习组织的选择与分析

实习组织的选择包括学生的分组和指导老师的分组，如图 6-3 所示。

（1）学生的分组需要考虑将实习的学生分成几个小组、每个小组的人数安

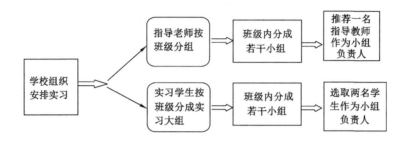

图 6-3　实习组织安排图

排和每个小组的负责人安排。在学生分组时要考虑每个学生的特点和优点,尽量把学生的优势展现出来。

(2)指导老师的分组需要考虑指导老师的人数、指导老师的专业水平和指导老师的负责人等。指导老师是帮助学生完成实习的一个很重要的因素,学生在实习中会遇到困难,一方面需要他们自己克服,同时也需要老师的帮助和指导,所以老师的专业水平和素养也很重要。

一般学校的教学实习,学院会安排 2 名指导老师,要求指导老师都是本学院的并且从事实习课程的教学或者对这个实习课程的专业能力比较强,一来如果学生在实习中遇到困难或有实习方面的疑点,老师都能够很好地帮助学生解答,二来任课老师对自己学生理论知识的掌握情况有一个基本了解,这样在对学生进行实习分组时可以根据每个学生的优劣势来安排,以更好地发挥每个学生的特长,让他们学到更多的知识点。实习安排 2 名老师就可以满足学生实习的需要,且任务不会太繁重,老师之间也可以互相探讨。

另外,还要求老师要跟着自己带领的实习小组,时刻关注学生实习的动态,帮助学生解答实习中的难点、疑点,同时纠正学生的一些不正确的测量方式,让学生学到基本的实践操作方法,并帮助学生处理一些实习时的突发状况。

大地测量学基础实习,首先按照班级分成实习大组,然后在班级中分成若干个小组。学生分组时一般最适合 5~6 名学生一个小组,小组人数过多,学生的工作不好安排,不能很好地发挥每名同学的优势和强项;小组学生偏少,分配给每名同学的工作强度太大,也不符合实习的要求。一般的水准测量需要 4 个人同时参与测量计算工作,1 名同学观测,1 名同学记录数据和计算,2 名同学跑尺,还有 1~2 名同学做后勤,随时替换参与测量工作的同学。每个实习小组都有 1 名小组长和 1 名副小组长,两人的分工不一样,小组长要求主动和指导老师保持联系,主要处理实习遇到的问题和上报突发事件,另外保持小组的团结,分配小组的工作;副小组长主要负责仪器的安全问题和实习同学的安全问题,协助小组长完成工作。

实习工作的顺利完成离不开学生的辛勤测量,同时也不能缺少实习老师的帮助和指导,两个方面是相辅相成的。同学在实习中能够锻炼自己,老师可以发现实践教学中的不足,以更好地和学生们进行沟通,只有两者发挥各自的作用才能保质保量地完成实习。

6.1.7 实习方案的实例

6.1.7.1 前言

大地测量学基础是一门实践性很强的专业基础课,学生只有经过系统化的实习,才能真正掌握精密测绘仪器的使用和操作技能,才能充分理解和掌握大地测量学基础相关的基本理论和方法。大地测量教学实习能使每个学生熟悉大地测量外业观测的基本技能和数据处理的方法,经实习后能基本上独立操作仪器获取观测成果并能进行概算和平差工作。实习课安排在特定的实习区域进行。

6.1.7.2 实习目的

(1)巩固课堂教学知识,加深对大地测量学基础基本理论的理解,能够用有关理论指导作业实践,做到理论和实践相统一,提高分析问题、解决问题的能力,从而对大地测量学基础的基本内容进行实际应用,使所学知识进一步巩固、深化。

(2)进行大地测量野外作业的基本技术训练,提高动手能力和独立工作能力。通过实习,熟悉并掌握高等级控制测量的作业程序以及施测工作。

(3)对野外观测成果进行整理、检查和计算,掌握利用测量平差理论处理分析大地测量成果的基本技能。

(4)通过完成实习实际任务的锻炼,提高学生独立从事测绘工作的计划、组织与管理能力,培养学生良好的专业品质和职业道德,达到综合素质培养的教学目的。

6.1.7.3 测区概况

测区位于连云港市海州区河滨小区、科苑路以及建设东路,属于新开发区域,地势平缓,道路较宽,虽然车流量较大,但对大地控制测量造成的影响较小。测区内公共交通情况不太便利,仅有 19 路公交车通行,但是其他车辆过行较多,主要是建筑工程车辆,行人比较少。测区处于暖温带与亚热带过渡地带,常年平均气温 14 ℃,空气清新湿润,冬天多西北风、少雨,夏天多东南风、多雨,主导风向为东南风,属于典型的温带气候。夏季气温高,一般为 35 ℃左右。

6.1.7.4 测区地图

大地测量学基础实习大地控制网如图 6-4 所示。

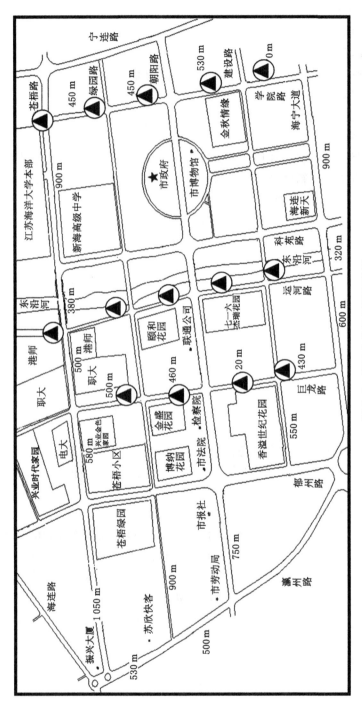

图 6-4　实习大地控制网示意图

6.1.7.5　实习的主要内容及精度要求

实习技术指标及作业限差主要按《国家三角测量和精密导线测量规范》、国家水准测量规范,同时参照《工程测量规范》和《城市测量规范》的技术要求执行。

为保证每个学生均有一定数量的作业实践,现规定每个学生按要求必须完成的工作内容如下。

(1)踏勘、选点、造标、埋石:

① 全队以班为单位由指导教师带领踏勘测区,了解测区情况及任务,领会建网的目的和意义。

② 在教师指导下进行图上设计及分组分区进行实地选点,每人做一个点的点之记。如果是在教学实习基地进行实习,由于大地测量控制网已经建好,以上两步可合并为由教师向学生介绍测区情况及设计方案,并带领学生到测区进行踏勘、图上设计、实地选点的示范及演习,学生仍应每人做一个点的点之记。

③ 分组进行造标、埋石,若在已建好的大地测量控制网上进行,改为全队在教师指导下在一个点上进行造标、埋石的操作演示。

④ 分组进行水准路线选线,确定三角高程起始点联测方案。教学实习时可选择导线点作为水准测量的水准点。

(2)精密水准测量:

① 每人不少于1 km(或8个测站)单程二等水准测量的观测和记录,并取得合格的观测成果。

② 水准路线全线外业观测成果的验算和成果表的编算。

精密水准测量作业限差与技术要求如表6-8、表6-9所列。

表6-8　二等精密水准测量观测限差(使用仪器:DS1)

等级	最大视线长度	前后视距差	任一测站前后视距差累积	视线高度	上下丝读数平均值与中丝读数之差	基辅分划读数差	一测站观测两次高差之差	检测间歇点高差之差
二	50 m	1.0 m	3.0 m	下丝 0.3 m	3.0 mm	0.4 mm	0.6 mm	1.0 mm

表6-9　二等水准路线主要技术指标

等级	每千米高差中数中误差		路线往返测高差不符值	附合路线或环线闭合差	检测已测段高差之差	水准网中最弱点相对于起算点的高程中误差	每千米高差中数中误差
	偶然中误差	全中误差					
二	±1 mm	±2 mm	$\pm 4\sqrt{L}$ mm	$\pm 4\sqrt{L}$ mm	$\pm 6\sqrt{L}$ mm	±20 mm	±2 mm

表 6-9 中量的计算公式如下：

偶然中误差：

$$M_\Delta = \pm\sqrt{\frac{1}{4n}\left(\frac{\Delta\Delta}{L_S}\right)} \tag{6-1}$$

式中，Δ 为路线往返测高差不符值；L_S 为测段长度；n 为测段数。

全中误差：

$$M_w = \pm\sqrt{\frac{1}{N}\left(\frac{WW}{L}\right)} \tag{6-2}$$

式中，W 为各项改正后的环线闭合差；L 为环线周长；N 为环数。

（3）全站仪导线测量：

① 掌握全站仪的正确使用方法。

② 按《城市测量规范》的技术要求，各组选出并测定一条闭合导线（至少8 条边组成）或导线网的水平角和边长，提交观测原始成果资料一份。

③ 每人测定导线的不少于一个角及一条边长度工作。

作业限差与技术要求如表 6-10、表 6-11 所列。

表 6-10　导线测量水平角观测各项限差

等级	测角中误差	测回数			$\Delta=[左角]中+[右角]中-360°$	方位角闭合差
		DJ1	DJ2	DJ6		
四等	±2.5″	4	6	/	±5.0″	$±5\sqrt{n}$
Ⅰ级	±5.0″	/	2	4	±10.0″	$±10\sqrt{n}$

注：n 为转折角个数。

表 6-11　光电导线测量主要技术要求

等级	附合（闭合）导线长度	平均边长	每边测距中误差	测角中误差	导线全长相对闭合差	观测次数	测回数	一测回读数较差	单程测回间较差
四等	10 km	1 600 m	±18 mm	±2.5″	1/40 000	往返 1 次	4	5 mm	7 mm
Ⅰ级	3.6 km	300 m	±15 mm	±5.0″	1/14 000	往返 1 次	2		

（4）外业成果概算和内业平差计算：

① 上述各项测量外业工作结束后，需随时对观测成果进行整理和检查。

② 每个同学应对本组观测成果及时进行外业成果概算。

③ 概算成果通过各项检核后,进行平差计算,要求每人独立完成一份。

应该指出,上列全部实习任务的完成可能会受到时间和仪器条件的限制,因此在执行时可以酌情减免少量内容,必须完成的实习内容可以在大组或小组之间平行作业,定期对换作业内容。为此,实习前各实习组应该编制实习工作进程计划表。

6.1.7.6　上交资料

（1）每个测量小组应上交的资料：

① 控制点网略图及各点的点之记。

② 各点的水平方向观测手簿和垂直角观测手簿。

③ 水准网略图,水准测量观测手簿。

④ 高差和高程表。

⑤ 全站仪观测的一套完整并合格的外业记录、计算成果。

⑥ 技术小结。

（2）每人应提交的资料：

① 实习日记。

② 实习报告(含所绘点点之记)。

③ 测试观测记录。

6.1.7.7　教学内容、要求及学时分配

大地测量学基础综合性教学实习共安排 10 d 的时间完成,具体时间分配参考表 6-12 执行。

表 6-12　大地测量学基础综合性教学实习内容与时间安排

序号	教学实习内容		要　　求	时间分配
1	准备工作	实习动员、仪器工具的借用、熟练仪器操作及检校	按规范要求进行仪器检校、熟练操作	1 d
2	控制网设计与布设	完成控制网的图上设计,进行踏勘、选点、方案设计	方案合理,满足精度要求,便于实施	1 d
		在教师指导下,选择合理的控制网方案,分组完成实地踏勘、选点与埋石,做点之记	每个学生参加,并做好点之记	
3	精密水准测量	每个学生不少于 1 km(或 8 个测站)单程二等水准测量的观测和记录	取得合格的观测成果	3 d
		水准路线外业观测成果的验算和成果表的编算		

表 6-12(续)

序号	教学实习内容		要　　求	时间分配
4	全站仪导线测量	掌握全站仪的使用方法和边长的记录方法	熟悉全站仪的使用与边长的测量	3 d
		按规范要求,测定控制网的边长,并进行各项改化与归算	得到高斯平面上的边长	
		按《城市测量规范》的技术要求,选出并测定1条闭合导线(至少8条边组成)	记录完整	
5	数据处理	依几何条件进行全部外业观测成果的检查与验算;进行平差计算	符合规范要求	1 d
6	测试及提交报告	角度观测/精密水准测量/全站仪导线测量	操作规范熟练	1 d

6.1.7.8　注意事项

(1) 在实习期间各实习小组必须对仪器装备妥善保管,爱护使用,交接时按清单点数,正副组长签名负责。

(2) 每天出工前和收工后,副组长负责清点仪器装备数量和检查仪器装备是否完好无损,如发现问题及时报告。

(3) 仪器应放在明亮、干燥、通风之处,不准放在潮湿的地面上。

(4) 每次出发作业前,应检查仪器背带、提手、仪器箱的搭扣是否牢固,乘车时应将仪器抱在身上。

(5) 从仪器箱内取用仪器时,应一手握住仪器基座,一手托住仪器支架,从仪器脚架上取下仪器放回箱内时也应这样做,并将仪器按正确位置放置。

(6) 仪器安置在测站上时,应始终有人看管;在野外使用仪器时,不得使仪器受到阳光的照射;暂停观测或遇小雨时,首先应把物镜罩盖好,然后用测伞挡住仪器。

(7) 水准测量时,扶尺竹竿仅为了使尺子扶稳,绝不允许脱开双手;工作间歇时不允许将水准尺靠在树上或墙上,应放在背阳侧平坦的地面上。

(8) 观测员将仪器安置在脚架上时,一定要拧紧连接螺旋和脚架制紧螺旋。

(9) 使用全站仪时,应严格按照使用说明书的要求操作和搬运。

(10) 每天实习收工后,应及时整理当天的外业观测资料,并做好资料的保管。

(11) 要求学生每天记录工作日记,以便书写大地测量学基础实习报告,在实习结束时,同实习资料成果一并上交。

(12) 在实习的全过程中,全体成员一定要提高安全意识,确保人员、仪器的安全。

6.1.7.9 实习报告的编写

实习结束后,每人应编写一份实习报告,要求内容全面、概念正确、语句通顺、文字简练、书写工整、插图和数表清晰美观,并按统一格式编号后装订成册,与实习资料成果一起上交。

实习报告按以下提纲编写:

(1) 序(或绪言)。

实习(或作业)名称、目的、时间、地点;实习(或作业)任务、范围及组织情况等。

(2) 测区概况。

测区的地理位置、交通条件、居民、气候、地形、地貌等概况;测区已有测绘成果及资料分析与利用情况、标石保存情况等。

(3) 平面控制网的布设及施测:

① 平面控制网的布设方案、控制网略图及论证;

② 选点、造标、埋石方法及情况;

③ 施测技术依据及施测方法;

④ 观测成果质量分析。

(4) 高程控制网的布设及施测:

① 高程控制网的布设方案及控制网略图(含水准网);

② 选线、埋石方法及情况;

③ 施测技术依据及施测方法;

④ 观测成果质量分析。

(5) 控制网概算:

① 平面控制网概算内容及计算;

② 高程控制网概算内容及计算。

(6) 平差计算:

① 平面控制网的平差计算;

② 高程控制网的平差计算。

(7) 实习中发生、发现的问题及处理情况。

(8) 实习总结、体会及建议。

6.2 实习效果评价

6.2.1 总体设计

大地测量学基础实习是测绘工程专业的一个重要的教学实习环节,合理地评价学生大地测量学基础实习效果是检查学生实习效果和老师教学质量的主要方法。因为大地测量学基础实习本身教学和实习环节的特点,对实习效果的评价往往采用定性的方法,即指导教师根据自己上课期间和实习期间的观察和了解主观地评定测量实习的效果,这样的评定具有较大的随意性和片面性;而且通常带有较多的感情色彩,因此,通过合理的方式探讨测量实习效果的评价方法具有重要的意义。大地测量学基础实习效果的评价具有空间性和群体性,并带有感情色彩也就是通常说的带有模糊性,因此,在评价的时候应该考虑不同的因素并且对其进行分析、总结。实习成绩的评定不像理论考试那样有标准答案和严密的评定标准,各项指标较难控制。因此,减少主观因素影响,建立一种科学、合理的大地测量学基础实习课程评价方法非常重要,更是工程素质教育的迫切要求。

大地测量学基础实习效果的评价应该包括学生实习效果的评价和指导老师教学成果的总体评价。现采用层次分析、多种因素分别评定的综合办法,评定学生的综合成绩和总体实习效果。

设计使用 Visual C++软件结合数据库,进行学生成绩评定程序的编写。

6.2.2 评价指标

从本校往届以及其他多个学校的教学实践来看,大地测量学基础实习的成绩主要采用以下两种方法进行评定:一是教师根据学生在实习中的表现和学生的出勤率,结合各组完成的情况确定;二是根据学生的实习报告,通过实习成果确定。这两种方法都有各自的利弊。第一种方式对于实习学生较少、教师对每一个学生情况都较为掌握时,能基本反映学生的实习情况,但当实习人数超过40 人或者 50 人时,教师很难对每一个学生的实习情况有一个准确的判定,同时这种评分方式也存在着主观性太强的弊端。第二种方式侧重于实习结果而忽视实习的过程,不能体现学生的真实动手测量操作水平以及处理问题的应变能力,且容易出现为追求高分而作弊的情况。所以要在一定的程度上对两种方法取长补短,然后总结一个评分体系。

学生实习效果的评价应从以下几个定量分析指标方面考虑:

(1) 学生实习的学习情况。

学习情况包括实习前的准备工作、实习期间的表现情况、出勤情况等。实习前的准备工作要求学生认真准备实习需要的相关资料,阅读实验指导书和任务书,并且向实验室借用仪器。实习前的准备工作的好坏会直接体现在实习期间的操作和内业处理等方面。实习期间的表现主要指学生在实习期间是不是主动地学习和操作,而不是参加实习但是什么事都不做。实习是团队项目,需要大家配合,这个指标能够很好地激发学生的主观能动性。实习期间的出勤情况是学生完成实习任务的重要时间保障,将其作为实习成绩评定的一项指标,可对参加实习的学生起到一定的监督作用,对表现好的学生进行表扬,相应地给予实习加分奖励,对表现差的学生进行批评,相应扣除一定的实习分数。

(2)外业操作工作的情况。

大地测量学基础实习的外业操作包括选点、埋点工作,水准测量工作,导线测量工作。选点、埋点主要看学生选择的点的位置是不是符合测量的要求,在不在测区,是不是通视。外业操作主要反映了学生在大地测量学基础实习工作中的认真程度。将其作为一项考核指标,可以对学生在大地测量学基础实习中的任务有一个全面的掌握,让学生在实习指导老师的安排和帮助下自觉地完成实习的任务。对学生的实习评价,不能仅凭实习的外业操作就确定学生的实习成绩。外业操作只是学生通过大地测量学基础实习将大地测量学的理论知识付诸了实践,对仪器的操作和理论知识点完成了从不熟练到熟练、从不是很熟练到完全地掌握的过程,因此对该项指标的权重不宜太大。

(3)实习报告。

实习报告是学生对实习过程的总结和分析,它主要由实习内容、实习成果、实习体会、实习日志等方面组成。要力争使实习报告成为学生对实习真正的总结,是实习中学生发现问题的详细记录,而且也对这些问题进行分析,明白其中的缘由,以免今后在测量工作中犯同样或者类似的错误。对以往的实习报告进行分析,发现每个学生的实习报告虽然大同小异,但每个学生实习的收获都是不一样的,毕竟每位同学都投入到实习中,或多或少都会收获一些想要的。

(4)操作技能考核。

大地测量学基础实习虽然是一个实践的过程,是培养学生动手能力的过程,但是每个学生的接受能力不同,有的比较快,有的比较慢。如果对实习效果的评价仅就其参加实习的过程进行评分,显然是不太合理的。因此,在实习即将结束前(一般是结束前一天)抽半天时间对学生在大地测量学基础实习中的难点、疑点以及以后工作的重点进行操作技能的考核,是很有必要的。这一项指标能够准确地反映学生的动手能力,定量地客观地反映学生的实习效果,同时这也是实习效果评价科学性、公正性的重要指标,应适当赋予一定的权重。对于大地测量的实习操作技能考核,因为水准仪的使用相对比较简单,绝大多数学生都能较好地使用,而全站仪的使用相对比较复杂,学生使用情况差别较大,这也是实习内容的重点,因此选取水准仪测量闭合水准路线结合全站仪测角和测距作为考核内容。

6.2.3 权重设计

(1)下面是对学生进行大地测量学基础实习效果评价的权重设计,如表 6-13~表 6-18 所列。

表 6-13 大地测量学基础实习效果评价的权重设计

指标	第一层指标		第二层指标	
	因素	权重	因素	权重
大地测量学基础实习效果的评价	学习态度	25%	实习前的准备工作	3%
			出勤情况	5%
			实习期间的表现	10%
			测量仪器的使用情况	5%
			团结合作精神	2%
	外业操作工作	35%	选点、埋点、选线工作	5%
			水准测量工作	20%
			导线测量工作	10%
	内业计算整理工作	30%	水准测量成果计算	8%
			导线测量成果计算	8%
			水准、导线测量的记录表整理	4%
			实习报告	10%
	实习仪器的操作技能考核	10%	水准仪和全站仪的使用情况	10%

表 6-14 实习成绩评定—学习态度成绩评定表

等级	学习态度情况	成绩
I	实习准备工作充分,全勤,实习的表现好,仪器使用符合要求,未损坏、丢失,团结合作小组	100 分
II	实习准备工作充分,全勤,实习的表现较好,仪器使用符合要求,未损坏、丢失,团结合作小组	85 分

表 6-14(续)

等级	学习态度情况	成绩
Ⅲ	实习准备工作充分,缺勤小于 2 d,实习的表现一般,仪器使用符合要求,未损坏、丢失,团结合作小组	75 分
Ⅳ	实习准备工作较充分,缺勤小于 5 d,实习的表现一般,仪器使用符合要求,未损坏、丢失	60 分
Ⅴ	实习准备工作一般,缺勤大于 5 d,实习的表现较差,仪器使用符合要求,未损坏、丢失	50 分
Ⅵ	实习准备工作不充分,缺勤小于 1 周,实习的表现较差,仪器使用符合要求,未损坏、丢失	40 分
Ⅶ	缺勤大于 1 周,有损坏、丢失仪器的现象	0 分

表 6-15 实习成绩评定—外业操作成绩评定表

等级	外业操作情况	成绩
Ⅰ	选点、埋点工作完全符合要求。水准测量、导线测量在规定时间内完成,测量符合要求	90 分
Ⅱ	选点、埋点工作基本符合要求。水准测量、导线测量在规定时间内完成,测量符合要求	80 分
Ⅲ	选点、埋点工作基本符合要求。水准测量、导线测量在规定时间内完成,测量基本符合要求	70 分
Ⅳ	选点、埋点工作基本符合要求。水准测量、导线测量在规定时间内完成,测量不符合要求	60 分
Ⅴ	选点、埋点工作不符合要求。水准测量、导线测量在规定时间内完成,测量不符合要求	40 分

表 6-16 实习成绩评定—内业处理和资料整理成绩评定表

等级	内业处理和资料整理情况	成绩
Ⅰ	水准测量、导线测量成果计算正确,记录表整理有序,实习报告编写很好,条理清晰,字体工整,叙述正确,体会深刻	100 分
Ⅱ	水准测量、导线测量成果计算基本正确,记录表整理有序,实习报告编写较好,条理较清晰,字体工整,叙述正确,体会深刻	85 分
Ⅲ	水准测量、导线测量成果计算有少许错误,记录表整理基本有序,实习报告编写一般,体会一般	60 分
Ⅳ	水准测量、导线测量成果计算有明显错误,记录表整理杂乱,实习报告编写较差	40 分

表 6-17 实习仪器操作—水准测量考核表

观测数据	观测时间	成绩
正确	≤5 min	100 分
正确	≤6 min	85 分
正确	≤7 min	75 分
正确	>7 min	60 分
超限	≤6 min	50 分
超限	>7 min	40 分
错误		0 分
10 min 内未完成		0 分

注:从领取仪器开始计时,四等水准测量水准路线需要闭合,设四站。水准路线长 100 m 左右。

表 6-18 实习仪器操作—光电测距导线测量考核表

观测数据	观测时间	成绩
正确	≤30 min	100 分
正确	≤35 min	85 分
正确	≤40 min	75 分
正确	>40 min	60 分
超限	≤35 min	50 分
超限	>35 min	40 分
错误		0 分
1 h 之内未完成		0 分

注:计时从领取仪器开始,对中、整平到导线测量闭合为止,总共 4 站,总距离 400 m。

实习总成绩的计算:

总成绩＝成绩 1(学习态度)×25％＋成绩 2(外业操作)×35％＋成绩 3(内业处理和资料整理)×30％＋成绩 4(实验仪器操作技能考核总成绩的二分之一)×10％

以××班××学生为例,根据其在实习中的情况记录,该学生的实习情况如表 6-19 所列。

表 6-19 ××学生实习情况记录表

评定元素	特征情况	成绩
学习态度	第Ⅰ等级	100 分
外业操作情况	第Ⅱ等级	80 分
内业处理和资料整理情况	第Ⅱ等级	85 分
实习仪器(水准仪和全站仪)操作考核	水准测量:数据正确,6.5 min 完成	75 分
	光电测距导线测量:数据正确,40 min 完成	75 分

总成绩＝100×25％＋80×35％＋85×30％＋[(75＋75)/2]×10％＝86(分)

(2) 学生最终实习成绩的评定标准的建立。根据大地测量学基础实习课的特点将学生的实习成绩分为优秀、良好、中等、合格、不及格 5 个标准,具体的评定标准如表 6-20 所列。

表 6-20 学生实习成绩最终评定标准

实习成绩	优秀	良好	中等	合格	不及格
评判值	90 分及以上	80～89 分	70～79 分	60～69 分	59 分及以下

因为大地测量学基础实习是学生理论知识结合实践操作的一个重要环节,是学生获得实际测量工作能力与全面提高自身综合素质的一个重要途径,因此对大地测量学基础实习指导教师工作总体成绩的评价也是学院整个实习工作的一个重要环节。通过对实习指导教师在实习的全过程进行系统全面评价,不仅能激发指导教师提高自身基本素质的积极性,而且也有利于学院领导有针对性地采取措施,帮助指导教师提高工作能力。实习指导教师工作总体效果评价指标和权重如表 6-21 所列。

表 6-21 实习指导教师工作总体效果评价指标和权重

指标	第一层指标		第二层指标	
	因素	权重	因素	权重
大地测量学基础实习指导教师工作效果评价	实习准备工作	20％	实习的动员工作	5％
			实习资料及仪器的准备工作	5％
			实习场地的安排工作	5％
			实习的组织协调工作	5％

表 6-21(续)

指标	第一层指标		第二层指标	
	因素	权重	因素	权重
大地测量学基础实习指导教师工作效果评价	实习指导工作	40%	对实习学生的管理	10%
			实习任务书	10%
			实习指导书	10%
			实习指导效果	10%
	实习总结	40%	学生实习成绩的评定工作	15%
			实习资料的归档工作	10%
			实习总结报告	15%

6.2.4 实习成绩达成评价

（1）首先在 Access 数据库下建立一个名为"成绩"的表格，在表格中输入测绘 082 班同学的实习成绩，如图 6-5、图 6-6 所示。

图 6-5 实习成绩库表

（2）在 C++环境下增加控件，更改控件属性，并且输入主要代码为：

UpdateData();

m_strQuery.TrimLeft();

if (m_strQuery.IsEmpty()){

MessageBox("要查询的成绩不能为空！");

return;

}

name	stuno	score1	score2	score3	score4
王明洲	140811201	90	90	78	85
刘培松	140811202	85	90	81	86
郭维佳	140811203	85	85	84	83
程婷婷	140811204	80	85	90	78
焦雯	140811206	80	85	79	75
刘月明	140811207	80	80	83	81
汪超飞	140811208	85	85	87	85
耿鹏川	140811209	55	80	89	90
张泽锋	140811210	85	85	79	93
窦懿	140811212	80	90	78	89
叶志聪	140811213	85	85	81	83
李智	140811215	85	78	83	79
李旺	140811216	80	83	85	85
冯健	140811217	90	85	87	85
孙健	140811219	80	89	79	80
张利勋	140811221	85	85	82	82
邱林军	140811222	75	80	84	78
韩悦	140811223	80	90	85	75
徐宇峰	140811225	80	86	87	79
陈静	140811226	85	82	89	80
马龙	140811228	85	79	90	84
王莽娇	140811229	80	82	93	82
张伟	140811230	80	90	88	80
黄振郡	140811233	80	93	87	87
钱建龙	140811234	85	85	85	85
王晨	140811235	85	78	86	90
尹建涛	140811238	80	84	79	95
茅新耀	140811238	80	82	75	90
徐澍	140811239	85	87	76	83
丁晨	140831138	80	89	86	89

图 6-6　实习成绩表单

if(m_pSet->IsOpen())

m_pSet->Close();

m_pSet->m_strFilter.Format("stuno='%s'",m_strQuery);

m_pSet->Open();

if(! m_pSet->IsEOF())

UpdateData(FALSE);

else

MessageBox("没有查询到你要找的学号!");

}

（3）在程序编辑中增加记录,输入主要代码为:

CScoreDlg dlg;

　　if(dlg.DoModal()==IDOK)

　　{m_pSet->AddNew();

m_pSet->m_name　　　　　　=dlg.m_name;

m_pSet->m_stuno　　　　　　=dlg.m_stuno;

m_pSet－＞m_score1　　　　　＝dlg.m_fScore1；

m_pSet－＞m_score2　　　　　＝dlg.m_fScore2；

m_pSet－＞m_score3　　　　　＝dlg.m_fScore3；

m_pSet－＞m_score4　　　　　＝dlg.m_fScore4；

m_pSet－＞Update()；

m_pSet－＞Requery()；

想要在学生实习成绩中增加王明洲同学的成绩，如图 6-7、图 6-8 所示。

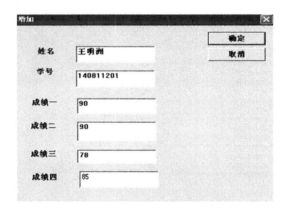

图 6-7　增加学生成绩

name	stuno	score1	score2	score3	score4
孙健	140811219	80	89	79	80
张利勋	140811221	85	85	82	82
邱林军	140811222	75	80	84	78
韩悦	140811223	80	90	85	75
徐宇峰	140811225	80	86	87	79
陈静	140811226	85	82	89	80
马龙	140811228	85	79	90	84
王舜娇	140811229	80	82	93	82
张怖	140811230	80	90	88	80
黄振郡	140811233	80	93	87	87
钱建龙	140811234	85	85	85	85
王晨	140811235	85	78	86	90
尹建涛	140811236	80	84	79	95
茅新耀	140811238	80	82	75	90
徐谢	140811239	85	87	76	83
丁晨	140831138	80	89	86	89
					0
		0	0	0	0
张三	123	0	0	0	0
		0	0	0	0
王明洲	140811201	90	90	78	85

图 6-8　成绩表单

（4）在程序编写中修改记录，输入主要代码为：

CScoreDlg dlg；

dlg.m_name　　　　　　＝m_pSet－＞m_name；

dlg.m_stuno　　　　　　＝m_pSet－＞m_stuno；

dlg.m_fScore1　　　　　＝m_pSet－＞m_score1；

dlg.m_fScore2　　　　　＝m_pSet－＞m_score2；

dlg.m_fScore3　　　　　＝m_pSet－＞m_score3；

dlg.m_fScore4　　　　　＝m_pSet－＞m_score4；

　　if(dlg.DoModal()＝＝IDOK)

　　{m_pSet－＞Edit()；

m_pSet－＞m_name　　　　＝dlg.m_name；

m_pSet－＞m_stuno　　　　＝dlg.m_stuno；

m_pSet－＞m_score1　　　　＝dlg.m_fScore1；

m_pSet－＞m_score2　　　　＝dlg.m_fScore2；

m_pSet－＞m_score3　　　　＝dlg.m_fScore3；

m_pSet－＞m_score4　　　　＝dlg.m_fScore4；

m_pSet－＞Update()；

UpdateData(FLASE)；

修改前李智的四科成绩为 85、78、83、79，演示如图 6-9 所示。

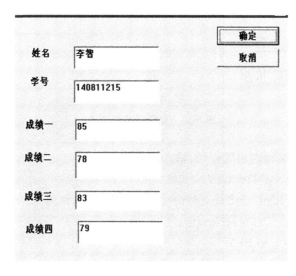

图 6-9　学生原成绩表

在程序中进行修改,将成绩都改为 90,如图 6-10 所示。

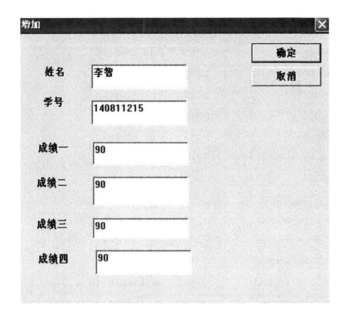

图 6-10　修改学生成绩

最后查看数据库"实习成绩"中的成绩,如图 6-11 所示。

| 李智 | 140811215 | 90 | 90 | 90 | 90 |
| 李盱 | 140811216 | 80 | 83 | 85 | 85 |

图 6-11　修改后成绩库表

(5) 在程序编写中删除记录,输入主要代码为:

```
m_pSet->Delete();
if(status.m_lCurrentRecord==0)
    m_pSet->MoveNext();
UpdateData(FALSE);
else
m_pSet->MoveFirst();
```

将数据库"实习成绩"中的张三的成绩删除,如图 6-12、图 6-13 所示。

韩悦	140811223	80	90	85	75
徐宇峰	140811225	80	86	87	79
陈静	140811226	85	82	89	80
马龙	140811228	85	79	90	84
王舜娇	140811229	80	82	93	82
张伟	140811230	80	90	88	80
黄振郡	140811233	80	93	87	87
钱建龙	140811234	85	85	85	85
王晨	140811235	85	78	86	90
尹建涛	140811236	80	84	79	95
茅新耀	140811238	80	82	75	90
徐谢	140811239	85	87	76	83
丁晨	140831138	80	89	86	89
					0
		0		0	0
张三	123	0	0	0	0

图 6-12　删除前学生成绩表

最后数据库显示该学生的数据已经删除,如图 6-13 所示。

韩悦	140811223	80	90	85	75
徐宇峰	140811225	80	86	87	79
陈静	140811226	85	82	89	80
马龙	140811228	85	79	90	84
王舜娇	140811229	80	82	93	82
张伟	140811230	80	90	88	80
黄振郡	140811233	80	93	87	87
钱建龙	140811234	85	85	85	85
王晨	140811235	85	78	86	90
尹建涛	140811236	80	84	79	95
茅新耀	140811238	80	82	75	90
徐谢	140811239	85	87	76	83
丁晨	140831138	80	89	86	89
					0
		0		0	0
#已删除的	#已删除的	#已删除的	#已删除的	#已删除的	#已删除的

图 6-13　删除后列表

（6）编程完成成绩编辑界面,具有查询、增加、修改、删除学生成绩的功能,如图 6-14 所示。

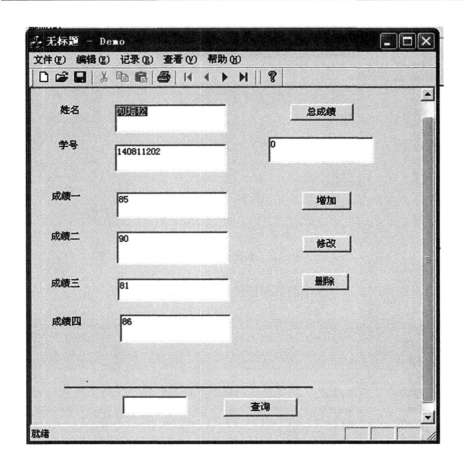

图 6-14　成绩编辑界面

6.3　本章小结

　　大地测量学基础实习是测绘工程专业基础而又主干的实践教学项目,本章通过对实习内容、实习时间、实习组织、实习仪器、控制网布设、实测过程等优选和分析,较全面论证了实习方案的合理性;通过对实习表现、实习成果、实习报告及操作测试等影响因素的分析,结合权重的适宜配比,经过实践数据分析与讨论,编程实现了实习教学成果的达成度评价,综合评定实习教学成绩,可谓较为合理的分析与评价方法。通过分析与评价,有利于学生明确目的,正确认知实习教学要求,认识个人与团队的关系,能在团队中独立或合作开展工作,培养应用大地测量技术解决复杂测绘工程实际问题的能力。

课程实习教学设计与评价研究是基于 OBE 教育理念,以学生为中心,致力于测绘工程专业工程教育认证和国家级一流专业建设,提高主干实践教学效果,以成果导向为出发点,以实习教学大纲为标准,针对实践教学内容,明确实习教学目标,全方位多角度进行优选与论证,通过分析与评价,谋求最佳实习教学方案,有利于改进实习教学方法,开展信息综合处理、解释和评判,专业能力与社会素养全面受益,实现最佳教学效果。

7 课程数据处理与管理系统设计与开发

7.1 系统总体设计

根据软件工程的系统开发理论,首先应整体上确定开发大地测量学基础数据处理系统的步骤,据此,总体的设计工作主要分为系统开发流程和系统程序架构。

7.1.1 系统开发流程

根据图 7-1 所示系统开发流程图,大地测量学基础数据处理软件的开发流程是将每个框架内的工作内容进行扩展,来具体分析与设计,完成系统的开发任务。

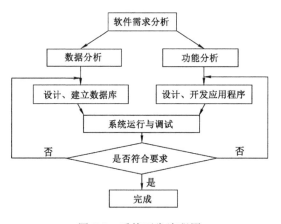

图 7-1 系统开发流程图

7.1.2 系统程序架构

系统程序架构是软件系统开发的本质。系统程序架构是对复杂事物的一种抽象化,同时系统程序架构在一定的时间内需保持稳定。良好的系统架构是普遍适用的,它可以高效地对各种各样的个体需求进行处理,因此良好的系统架构就意味着普适、高效和稳定。

大地测量学基础数据处理系统必须具有良好的体系架构,在架构的设计过程中,按照"由上到下,由整体到局部"的设计原则,应优先考虑上层的需求,而后是下层的需求,先要调试整个系统架构中的各个程序之间的接口,当确保了全系统架构及各个模块间的接口正确无误后,再实现下层程序的功能。

根据实际的需要,大地测量学基础数据处理系统主要包括五大模块:大地坐标系统换算、地面观测元素归算至椭球面、大地测量主题解算、椭球面元素归算至高斯平面以及控制测量计算。各个模块的功能都是通过菜单项实现,每一个菜单项对应着各自的窗体,甚至在一些打开的窗口下仍有子窗口,系统的结构层次分明,详略得当。系统程序架构如图 7-2 所示。

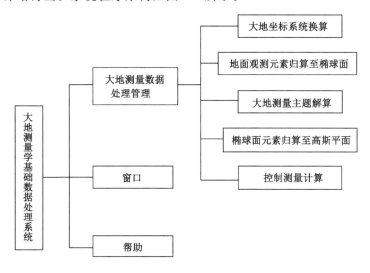

图 7-2　系统程序架构框图

7.2　数据库设计

7.2.1　数据库系统简介

数据库(database,简称 DB),指的是在数据库系统中以一定方式方法将相关数据组织在一起,可以存储在外部的存储设备上,并能被多用户共享的、应用程序相互独立的相关数据的集合。数据也是以文件的形式存储在存储介质里的,它是数据库系统操作的对象和结果。数据库中的数据有着集中性和共享性等特点,集中性是指将数据库看作是性质不同的数据文件的集合,其数据冗余很小;共享性是指多个使用不同语言的不同用户,即使目的不同也可同时存取数据库中的数据。

数据库的设计,是建立数据库和建立数据库应用系统的技术。具体地说,数据库设计是指在给定的应用环境中,构造出最优的数据库模式,建立数据库系统及其应用系统,使之能够有效地存储数据并能满足各种用户的应用需求。

数据库可分为非关系数据库和关系数据库。关系数据库是把数据组织成为一张或者多张二维表格,其中包含了大量的信息。关系数据库是一种以关系模型为基础的数据库,是根据表、记录和字段之间的关系进行组织的一种数据库。它通过若干个表来存取数据,并且通过一定的关系将这些表联系在一起。

创建数据库的第一步是认真规划数据库,设计必须灵活、符合逻辑。创建一个数据库结构的过程就是数据模型设计。数据表应当能方便用户获取数据信息,并且具有一定的关系。每一个数据表在创建时都应当设定主键和关键字段,用以快速查找与条件相匹配的记录。一般在表中使用的主键和关键字类型是用于描述数据库表示什么以及在数据库中如何与其他的库建立联系。

数据库系统由计算机硬件、数据库管理系统、数据库、应用程序和用户等相关部分组成。数据库系统示意图如图 7-3 所示。

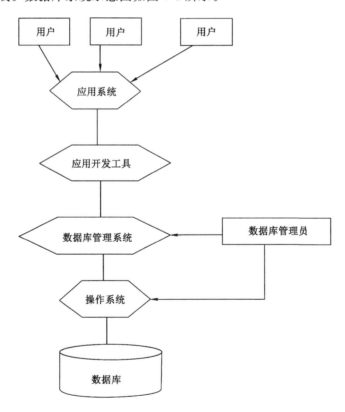

图 7-3　数据库系统示意图

7.2.2　数据库结构

通常而言,一个数据库系统应以计算机硬件结构为基础、以数据库管理系统为核心。数据库系统通常采用三级模式结构:模式、外模式以及内模式。模式是数据库中全体数据的逻辑结构和特征的描述,它只涉及对数据模型的描述,而不涉及具体的值,如图 7-4 所示为数据库系统的结构示意图。

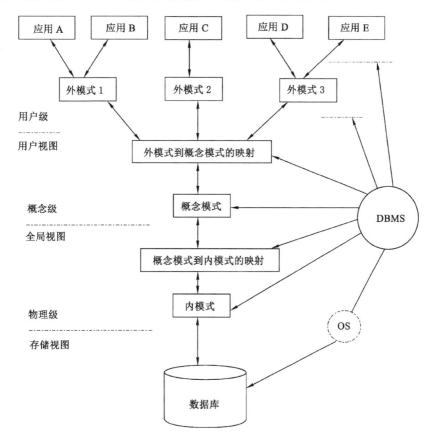

图 7-4　数据库系统的结构示意图

计算机硬件是数据库系统存在的基本物质基础,是存储数据库及运行数据库管理系统的硬件资源,它主要包括主机、存储设备和 I/O 通道等部分。大型的数据库系统一般都建立在计算机网络下,为使数据库系统获得较为令人满意的运行效果,计算机的 CPU、内存、磁盘和 I/O 通道等采用较高的配置。

数据库管理系统(database management system,DBMS)是指负责数据库存取、维护和管理的软件。DBMS 有对数据库中数据资源进行管理和控制的功能,将用户应用程序与数据库数据相互隔离。DBMS 是数据库系统的核心,其功能的强弱是衡量数据库系统优劣的重要指标。DBMS 必须运行在相应的系统平台上,需要在操作系统和相关的系统软件支持下才能有效地运行。

7.3 系统界面设计与管理

数据库设计完成后,就开始进入具体的应用程序的分析与设计阶段。应用程序的分析与设计主要包括应用程序界面的选择、应用程序结构的选择和应用程序各个功能模块的总体规划与分析等部分。

7.3.1 界面选择

窗体构成了程序和用户之间的交互界面(UI),窗体设计的好坏直接影响着用户的使用体验。对于微软的应用程序而言,应用程序的界面应该符合微软常见应用程序的设计原则,追求更加舒适的用户体验,而不应该过分追求一些外表的华丽,而使得用户在操作时感到不适应。在本系统中采用了 MDI 多文档界面风格,主要原因为:

(1)系统中涉及的窗体比较多,如果用 SDI 应用程序,那么这些窗体将各自独立地出现在屏幕上,很难用一种方便、容易的手段对这些窗体进行统一的管理。

(2)采用多文档界面,应用程序的各个窗体都作为多文档界面的一个子窗体,这样便于统一控制。同时,由于这些窗体将出现在 MDI 的客户区范围内而不是在屏幕上,因此对于整个操作系统而言,界面将会更整洁。

7.3.2 主界面设计与开发

程序由于保护版权的需要,设计了登录界面,如图 7-5 所示。

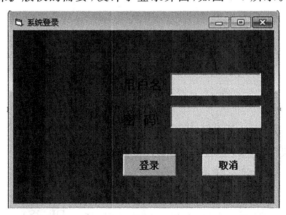

图 7-5 登录界面

应用程序的主界面是整个应用程序中最关键和基础的部分,系统各个功能模块的管理控制、状态栏的设计等均在主窗体中进行。遵循标准的微软应用程序界面风格,可以使程序更加美观、整洁有序。方法是:单击工具栏的"ADD MDI Form"按钮,生成主界面,如图 7-6 所示。

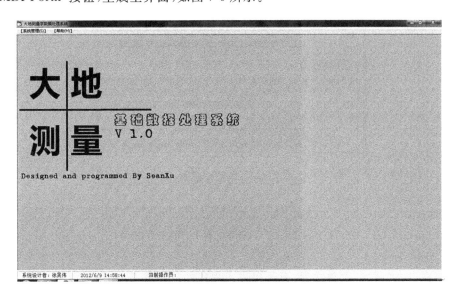

图 7-6　应用程序主界面

主界面的设计主要包括菜单、状态栏等部分。设计时,一般先设计窗体背景和窗体标题。

菜单是通过 VB 中"工具"菜单项下的"菜单编辑器"进行设计的,如图 7-7 所示。主菜单中有"系统管理""帮助"两项,每项下面又分别设有下拉菜单,系统功能一目了然,便于操作。所有的菜单项都响应 Click( )事件,主要由"窗体名称.show"实现,从而完成响应的功能。同时,在主界面上也加入了软件的版本及其他相关信息。菜单的界面效果如图 7-7 所示。

状态栏通过设计 StatusBar 控件实现,主要用来显示程序的当前状态和系统的信息。为能够及时反映应用程序的这些信息,在程序中利用 Timer 控件来定时更新状态栏的信息。

Private Sub Timer1_Timer()

On Error GoTo err

StatusBar1.Panels(2).Text ="当前窗口:" & MDIForm1.ActiveForm.Caption

Exit Sub

图 7-7　菜单编辑器

err：

StatusBar1.Panels(2).Text＝"当前没有打开的子窗口！"

End Sub

在点击"开始"菜单之后，就可以进入程序的二级界面，在该界面内是本程序的各个功能模块。为了尽量贴近微软的设计风格，又能做到方便实用，设计了菜单和功能按钮两种操作方式，具体界面如图 7-8 所示。

7.3.3　通用模块的设计管理

系统中多次用到 3 种椭球和自定义椭球的参数，故定义了公共 Sub 过程用来求解椭球的相关参数。

旋转椭球的形状和大小常用子午椭圆的 5 个基本几何参数（或称元素）来表示，它们是：椭圆的长半轴 a；椭圆的短半轴 b；椭圆的扁率 $\alpha=\dfrac{a-b}{a}$；椭圆的第一偏心率 $e=\dfrac{\sqrt{a^2-b^2}}{a}$；椭圆的第二偏心率 $e'=\dfrac{\sqrt{a^2-b^2}}{b}$。

而决定旋转椭球的形状和大小，只需要 5 个参数中的 2 个就够了，但其中至少要有 1 个长度元素（比如 a 或 b）。

此外，为简化计算，方便一系列的级数展开，大地测量数据处理中还经常引入以下辅助函数：

$$c=\frac{a^2}{b}, t=\tan B, \eta^2=e'^2\cos^2 B, W=\sqrt{1-e^2\sin^2 B}, V=\sqrt{1+e'^2\cos^2 B},$$

图 7-8 二级界面

$$M = \frac{a(1-e^2)}{W^3} \text{ 或 } M = \frac{c}{V^3}, N = \frac{a}{W} \text{ 或 } N = \frac{c}{V},$$

$$R = \sqrt{MN}, R_A = R\left(1 + \frac{\eta^2}{2}\right)(1 - \eta^2 \cos^2 A)$$

式中，B 是大地纬度；c 是椭球体在极点（两极）的曲率半径；M 是子午圈曲率半径；N 是卯酉圈曲率半径；R 是平均曲率半径；R_A 是在该点方位角为 A 的任意法截弧的曲率半径。

实现的主要代码为：

Public Sub qiu4(ByVal qb4 As Double，W4 As Double，V4 As Double，M4 As Double，N4 As Double)

Dim a4 As Double，b4 As Double，c4 As Double

Dim e4 As Double，f4 As Double，e42 As Double

a4＝Val(FrmD12.Text1.Text)"从'设置参数'窗体取得椭球的长半轴 a 和扁率 α"

e4＝1/Val(FrmD12.Text2.Text)

b4＝a4 * (1－e4)

c4＝a4 * a4/b4

f4＝(a4 * a4－b4 * b4)/(a4 * a4)

e42＝(a4 * a4－b4 * b4)/(b4 * b4)

W4＝Sqr(1－f4 * Sin(qb4 * pai/180) * Sin(qb4 * pai/180))

V4＝Sqr(1＋e42 * Cos(qb4 * pai/180) * Cos(qb4 * pai/180))

If qb4＝0 Then

  M4＝c4/Sqr((1＋e42) * (1＋e42) * (1＋e42))

ElseIf qb4＝90 Then

  M4＝c4

Else M4＝c4/(V4 * V4 * V4)

End If

If qb4＝0 Then

  N4＝a4

ElseIf qb4＝90 Then

  N4＝c4

Else N4＝a4/W4

End If

End Sub

7.4　数据处理与管理系统设计与开发

7.4.1　大地坐标系统换算

该模块用来实现常用的大地测量坐标系统换算。

常用的大地测量坐标系统主要有 1954 北京坐标系、1980 国家大地坐标系、1954 新北京坐标系、2000 国家大地坐标系、WGS-84 坐标系及高斯平面坐标系等。

7.4.1.1　简单模型

简单模型主要考虑旋转参数的坐标转换模型：二维平面直角坐标系间（平移参数均为 0）的旋转变换和三维空间直角坐标系间（平移参数为 0、尺度参数为 0）的旋转变换，窗体名称为 FrmD1.frm，如图 7-9 所示。

二维平面直角坐标系统间的转换模型用公式表示为：

$$\begin{bmatrix} x_2 \\ y_2 \end{bmatrix} = \begin{bmatrix} \cos\theta & \sin\theta \\ -\sin\theta & \cos\theta \end{bmatrix} \begin{bmatrix} x_1 \\ y_1 \end{bmatrix}$$

式中，θ 是旋转变换的参数（又称为欧勒角）。

运行时，在 x_1、y_1 和 θ 对应的文本框中输入 12.356、48.569、20.31.54，输出结果如图 7-9 所示。

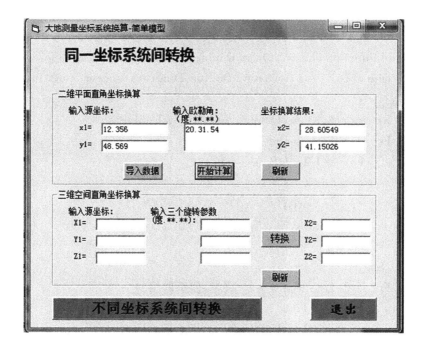

图 7-9　大地测量坐标系统换算-简单模型的界面

设 3 次旋转角为 ε_x、ε_y、ε_z，则与它们相应的旋转矩阵如下：

$$\boldsymbol{R}_1 = \begin{bmatrix} 1 & 0 & 0 \\ 0 & \cos\varepsilon_x & \sin\varepsilon_x \\ 0 & -\sin\varepsilon_x & \cos\varepsilon_x \end{bmatrix}, \boldsymbol{R}_2 = \begin{bmatrix} \cos\varepsilon_y & 0 & -\sin\varepsilon_y \\ 0 & 1 & 0 \\ \sin\varepsilon_y & 0 & \cos\varepsilon_y \end{bmatrix},$$

$$\boldsymbol{R}_3 = \begin{bmatrix} \cos\varepsilon_z & \sin\varepsilon_z & 0 \\ -\sin\varepsilon_z & \cos\varepsilon_z & 0 \\ 0 & 0 & 1 \end{bmatrix}$$

则有：

$$\begin{bmatrix} X_2 \\ Y_2 \\ Z_2 \end{bmatrix} = \boldsymbol{R}_1\boldsymbol{R}_2\boldsymbol{R}_3 \begin{bmatrix} X_1 \\ Y_1 \\ Z_1 \end{bmatrix} = \boldsymbol{R}_0 \begin{bmatrix} X_1 \\ Y_1 \\ Z_1 \end{bmatrix}$$

其中，可以简化为：

$$\boldsymbol{R}_0 = \begin{bmatrix} 1 & \varepsilon_x & -\varepsilon_y \\ -\varepsilon_z & 1 & \varepsilon_x \\ \varepsilon_y & -\varepsilon_x & 1 \end{bmatrix}$$

设计实现 3×3 矩阵相乘过程的函数代码,为方便其他模块调用定义为公共函数。

```
Public Function cheng(a( ) As Double, b( ) As Double)
    Dim c(1 To 3,1 To 3) As Double,Dim i As Integer, j As Integer, k
As Integer
    ReDim a(3,3) As Double, b(3,3) As Double
    For i=1 To UBound(a)
        For j=1 To UBound(b)
            For k=1 To 3
                c(i,j)=c(i,j)+a(i,k) * b(k,j)
            Next k
        Next j
    Next i
    For i=1 To 3 赋给另一个数组,便于调用
        For j=1 To 3
            p(i,j)=c(i,j)
        Next j
    Next i
End Function
```

在"转换"按钮的单击事件中 3 次调用 cheng 的函数,就可以实现本模块的功能了。将存放输出坐标的矩阵也定义为一个 3×3 矩阵,只输出它的第一列元素到文本框。

Call cheng(r1,r2) , Call cheng(R4,R3), Call cheng(q1,R)

输出语句为:

Text10(0).Text＝str(q2(1,1)),Text10(1).Text＝str(q2(2,1)),Text10(2). Text＝str(q2(3,1))

7.4.1.2 复杂模型

复杂模型将涉及比较复杂的大地测量坐标转换,实现窗体名称为 FrmD11.frm,如图 7-10 所示。主要有以下 6 项功能:

(1)大地坐标变换为空间直角坐标。将大地坐标(B,L,H)变换为相应的空间直角坐标(X,Y,Z)。其数学模型为:

$$
\begin{bmatrix} X \\ Y \\ Z \end{bmatrix} = \begin{bmatrix} (N+H)\cos B\cos L \\ (N+H)\cos B\sin L \\ [N(1-e^2)+H]\sin B \end{bmatrix}
$$

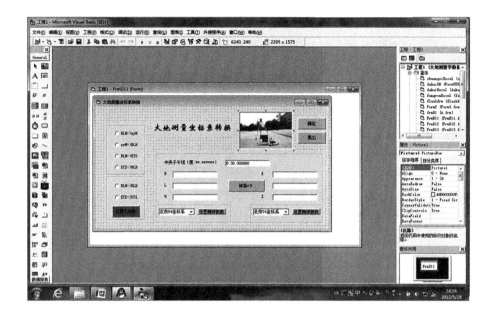

图 7-10　大地测量坐标系统换算-复杂模型的界面

式中,e 为参考椭圆的第一偏心率;N 为过该点的卯酉圈曲率半径。

（2）空间直角坐标变换为大地坐标。将空间直角坐标(X,Y,Z)变换为相应的大地坐标(B,L,H)。其数学模型为:

$$\tan B = \frac{Z + Ne^2 \sin B}{\sqrt{X^2 + Y^2}}$$

需要迭代计算,迭代时可先取 $\tan B_1 = \dfrac{Z}{\sqrt{X^2+Y^2}}$,用 B 的初始值 B_1 计算 N_1 和 $\sin B_1$,然后进行第二次迭代,直至最后两次 B 值之差小于允许误差为止。

$$H = \frac{\sqrt{X^2 + Y^2}}{\cos B} - N$$

$$L = \arctan \frac{Y}{X}$$

（3）大地坐标变换为平面直角坐标。将大地坐标(B,L)变换为平面直角坐标(x,y),适用于高斯投影和标准分带（3度带、6度带）与任意分带的情形。

（4）平面直角坐标变换为大地坐标。将平面直角坐标(x,y)变换为大

地坐标 (B,L),适用于高斯投影和标准分带(3 度带、6 度带)与任意分带的情形。

(5) 不同大地坐标系坐标转换。将大地坐标 (B,L,H) 或空间直角坐标 (X,Y,Z) 由一个坐标系转换到另一个坐标系,采用了七参数模型。

对于大地坐标的转换公式是:

$$B_新 = B_原 + \Delta B, L_新 = L_原 + \Delta L, H_新 = H_原 + \Delta H$$

其中:

$$\Delta L = (-\Delta X \sin L + \Delta Y \cos L)(N \cos B \sin L)^{-1}$$

$$\Delta B = [-\Delta X \sin B \cos L - \Delta Y \sin B \sin L + \Delta Z \cos B + (a\Delta f + f\Delta a) \sin 2B]$$
$(M \sin L)^{-1}$

$$\Delta H = [\Delta X \cos B \cos L - \Delta Y \cos B \sin L + \Delta Z \sin B + (a\Delta f + f\Delta a) \sin^2 B - \Delta a]$$

式中,Δa、Δf 为新旧坐标系椭球长半轴和扁率的差值;N 为卯酉圈曲率半径。

对于空间直角坐标转换的公式是:

$$X_新 = X(1+m) + Y\varepsilon_Z/\rho - Z\varepsilon_Y/\rho + \Delta X$$
$$Y_新 = Y(1+m) - X\varepsilon_Z/\rho + Z\varepsilon_X/\rho + \Delta Y$$
$$Z_新 = Z(1+m) + X\varepsilon_Y/\rho - Y\varepsilon_X/\rho + \Delta Z$$

式中,ΔX、ΔY、ΔZ 为平移参数;ε_X、ε_Y、ε_Z 为旋转参数;m 为尺度变化参数。

(6) 不同大地坐标系转换参数设置。如图 7-11、图 7-12 所示,设置大地坐标 (B,L,H) 或空间直角坐标 (X,Y,Z) 由一个坐标系转换到另一个坐标系时所需要的转换七参数。

图 7-11　设置坐标转换常用参数窗体界面

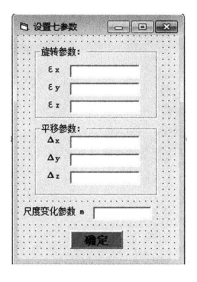

图 7-12   设置七参数窗体界面

有两个特殊的情况：

① 对于平面直角坐标(x,y,H)，应先利用高斯投影坐标反算求出其大地坐标(B,L,h)或者再由(B,L,h)化为空间直角坐标(X,Y,Z)后，进行坐标转换。

② 对于天文坐标(φ,λ,H)，应首先利用下式转化成大地坐标后，方可进行坐标转换：

$$B=\varphi-\varepsilon, L=\lambda-\eta\sec\varphi, h=H+\zeta$$

式中，ε、η 为垂线偏差分量；ζ 为高程异常。

结合平时常用的坐标转换软件，来验证此模块的程序。在 WGS-84 坐标系下，将一点大地坐标 $B=30°30'$、$L=114°20'$、$H=1\,000$ m 转换成空间直角坐标系下坐标，系统计算结果为 $X=-2\,266\,737.264\,116\,03$，$Y=5\,012\,489.263\,899\,57$，$Z=3\,218\,762.084\,290\,99$。

7.4.2   地面观测元素归算至椭球面

该模块用以实现将地面观测元素（包括方向和距离）归算至椭球面。在归算中有两条基本要求：

（1）以椭球面的法线为基准；

（2）将地面观测元素化为椭球面上大地线的相应元素。

窗体界面如图 7-13 所示。

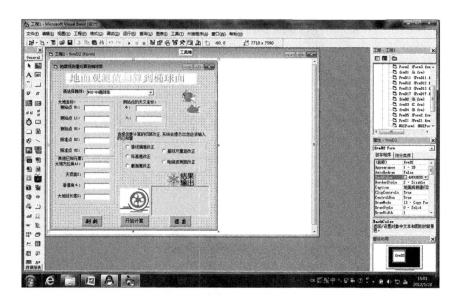

图 7-13　地面观测元素归算至椭球面的窗体界面

7.4.2.1　水平方向归算至椭球面

将水平方向归算至椭球面上,包括垂线偏差改正、标高差改正和截面差改正。

7.4.2.1.1　垂线偏差改正(用符号 δ_u 表示)

地面上所有水平方向的观测都是以垂线为参考根据的,而在椭球面上则要求以该点的法线为依据。这样,在每一个三角点上,把以垂线为依据的地面观测的水平方向值归算到以法线为依据的方向值而应加的改正就叫作垂线偏差改正。垂线偏差改正的数值主要与测站点的垂线偏差和观测方向的天顶距(或垂直角)有关。

测定垂线偏差的方法有很多,在本模块中,采用了天文大地测量的方法来测定垂线偏差。其实质是:在测站点上,既进行大地测量取得测站点的大地坐标 (B_1, L_1),又进行天文测量取得测站点的天文坐标 (φ_1, λ_1),已知测站点至照准点的大地方位角 A,可求得测站点的垂线偏差,再由照准点的天顶距 Z_1 或者垂直角 α_1,计算垂线偏差改正。其数学模型用公式表示为:

$$\varepsilon = \varphi - B, \eta = (\lambda - L)\cos\varphi$$

$$\delta_u = -(\varepsilon\sin A - \eta\cos A)\cot Z_1 \text{ 或 } \delta_u = -(\varepsilon\sin A - \eta\cos A)\tan\alpha_1$$

式中,ε 为子午圈分量;η 为卯酉圈分量。

7.4.2.1.2 标高差改正（用符号 δ_h 表示）

标高差改正又称由照准点高度引起的改正。不在同一子午面或同一平行圈上的两点的法线是不共面的。这样，当进行水平方向观测时，如果照准点高出椭球面某一高度，则照准面就不能通过照准点的法线同椭球面的交点，由此引起的方向偏差的改正叫作标高差改正。标高差改正主要与照准点的高程有关。

已知照准点的大地纬度为 B_2，测站点至照准点的大地方位角为 A，照准点高出椭球面的高程为 H_2，再计算出与照准点纬度 B_2 相应的子午圈曲率半径 M_2，则可计算标高差改正。其数学模型用公式表示为：

$$\delta_h = \frac{e^2\rho}{2M_2} H_2 \cos^2 B_2 \sin 2A$$

式中，$H_2 = H + \zeta + a$，H 为照准点标石中心的正常高，ζ 为高程异常，a 为照准点的觇标高。

7.4.2.1.3 截面差改正（用符号 δ_g 表示）

在椭球面上，纬度不同的两点由于其法线不共面，所以在对向观测时相对法截弧不重合，应当用两点间的大地线代替相对法截弧。这样将法截弧方向化为大地线方向应加的改正叫截面差改正。

已知测站点的大地纬度为 B_1，测站点至照准点的大地方位角为 A，该法截弧间的大地线长度为 S，再计算出与测站点纬度 B_1 相应的卯酉圈曲率半径 N_1，则可计算截面差改正。其数学模型用公式表示为：

$$\delta_g = -\frac{e^2}{12\rho} S^2 \left(\frac{\rho}{N_1}\right)^2 \cos^2 B_1 \sin 2A$$

7.4.2.2 地面观测长度归算至椭球面

将地面观测的长度归算至椭球面，包括基线尺量距的归算和电磁波测距的归算。

7.4.2.2.1 基线尺量距的归算

基线尺量距的归算主要考虑基线两端点的垂线偏差分量和大地高的影响。模型中要已知基线长 S_0，基线两端点的垂线偏差在基线方向上的分量 u_1、u_2，和基线两端点的大地高 H_1、H_2，计算基线尺量距改正后的基线长 S。其数学模型用公式表示为：

$$S = S_0 \left(1 + \frac{H_m}{R}\right)^{-1} + \frac{u_1 + u_2}{2\rho}(H_2 - H_1)$$

式中，$H_m = \frac{1}{2}(H_1 + H_2)$，即基线端点的平均大地高程；$R$ 为基线方向法截线曲率半径。

7.4.2.2.2　电磁波测距的归算

电磁波测距仪测得的长度是连接地面两点之间的直线斜距,也应将它归算到参考椭球面上。模型中要已知电磁波测距仪测得的斜距 D,测站点的大地高 H_1,照准点的大地高 H_2,测站点的纬度 B_1,测站点至照准点的大地方位角 A,再计算出曲率半径 R_A,则可计算电磁波测距归算改正后的距离值 S。该数学模型用公式表示为:

$$S = D - \frac{1}{2} \frac{(H_1 - H_2)^2}{D} - D \frac{H_m}{R_A} + \frac{D^3}{24R_A^2}$$

其中:

$$R_A = \frac{N}{1 + e'^2 \cos^2 B_1 \cos^2 A}$$

地面观测元素归算至椭球面的窗体名称为 FrmD2.frm,如图 7-13 所示,观测数值用文本框输入(注意格式),计算得到的结果用图片框控件输出。

7.4.3　大地测量主题解算

如果知道某些大地元素推求另一些大地元素,这样的计算就叫大地主题解算。大地主题解算分为正解和反解。大地主题正解和反解,从解析意义来讲,就是研究大地极坐标与大地坐标间的相互变换。

大地主题正解:已知 P_1 点的大地坐标 (L_1, B_1),P_1 至 P_2 的大地线长 S 及其大地方位角 A_{12},计算 P_2 点的大地坐标 (L_2, B_2) 和大地线长 S 在 P_2 点的反方位角 A_{21}。

大地主题反解:已知 P_1 和 P_2 点的大地坐标 (L_1, B_1) 和 (L_2, B_2),计算 P_1 至 P_2 的大地线长 S 及其正、反方位角 A_{12} 和 A_{21}。

系统中设计了两种模型:高斯平均引数公式法和白塞尔大地主题解算方法。

大地主题解算的步骤为:

(1)按照椭球面上的已知值计算球面上相对应的值,即实现椭球面向球面的过渡;

(2)在球面上解算大地问题;

(3)按照球面上得到的数值计算椭球面上的相应数值,即实现从圆球向椭球的过渡。

7.4.3.1　高斯平均引数公式法

高斯平均引数正算公式推导的基本思想是:首先,把勒让德级数在 P_1 点展开改为在大地线长度中点 M 展开,以便级数公式项数减少,收敛快,精度高;其次,考虑到求定中点 M 的复杂性,将 M 点用大地线两端点平均纬度及平均方位角相对应的 m 点来代替,并借助迭代计算,便可顺利地实现大地主题正解。大地主题反算是已知两端点的经、纬度 (L_1,B_1) 和 (L_2,B_2),计算 P_1 至 P_2 的大地线长 S 及其正、反方位角 A_{12} 和 A_{21}。这时,由于经差 ΔL、纬差 ΔB 及平均纬度 B_m 均已知,故依正算公式容易推导出反算公式。

7.4.3.2　白塞尔大地主题解算方法

白塞尔大地主题解算方法的基本思想是:将椭球面上的大地元素按照白塞尔投影条件投影到辅助球面上,继而在球面上进行大地主题解算,最后再将球面上的计算结果换算到椭球面上。由此可见,这种方法的关键是找出椭球面上的大地元素与球面上相对应元素之间的关系式。同时也要解决在球面上进行大地主题解算的方法。

为使计算简化,白塞尔提出如下三个投影条件:① 椭球面大地线投影到球面上应为大圆弧;② 大地线和大圆弧上相应点的方位角相等;③ 球面上任意一点的纬度应等于椭球面上相应点的归化纬度。

7.4.3.2.1　白塞尔大地主题正算步骤

(1)计算起点 P_1 的归化纬度:

$$W_1=\sqrt{1-e^2\sin^2 B_1}\ , \sin u_1=\frac{\sin B_1\sqrt{1-e^2}}{W_1}\ , \cos u_1=\frac{\cos B_1}{W_1}$$

(2)计算辅助函数:

$$\sin A_0=\cos u_1\sin A_1\ , \cot \sigma_1=\frac{\cos u_1\cos A_1}{\sin u_1}$$

$$\sin 2\sigma_1=\frac{2\cot \sigma_1}{\cot^2 \sigma_1+1}\ , \cos 2\sigma_1=\frac{\cot^2 \sigma_1-1}{\cot^2 \sigma_1+1}$$

(3)计算系数 A,B,C 及 α,β 的值。

(4)计算球面长度:

$$\sigma_0=[S-(B+C\cos 2\sigma_1)\sin 2\sigma_1]\frac{1}{A}\ ,$$

$$\sigma=\sigma_0+[B+5C\cos 2(\sigma_1+\sigma_0)]\frac{\sin 2(\sigma_1+\sigma_0)}{A}$$

(5)计算经度差改正数:

$$\lambda-l=\delta=\{\alpha\sigma+\beta[\sin 2(\sigma_1+\sigma_0)-\sin 2\sigma_1]\}\sin A_0$$

(6)计算终点大地坐标及大地方位角:

$$\sin u_2 = \sin u_1 \cos \sigma + \cos u_1 \cos A_1 \sin \sigma \,,\, B_2 = \arctan\left[\frac{\sin u_2}{\sqrt{1-e^2}\sqrt{1-\sin^2 u_2}}\right]$$

$$\lambda = \arctan\left(\frac{\sin A_1 \sin \sigma}{\cos u_1 \cos \sigma - \sin u_1 \sin \sigma \cos A_1}\right) , L_2 = L_1 + \lambda - \delta$$

$$A_2 = \arctan\left(\frac{\cos u_1 \sin A_1}{\cos u_1 \cos \sigma \cos A_1 - \sin u_1 \sin \sigma}\right)$$

式中,λ、A_2 的取值根据反正切函数里分子、分母的符号决定。

7.4.3.2.2　白塞尔大地主题反算步骤

（1）计算辅助函数：

$$W_1 = \sqrt{1-e^2 \sin^2 B_1} \,,\, W_2 = \sqrt{1-e^2 \sin^2 B_2} \,,\, \sin u_1 = \frac{\sin B_1 \sqrt{1-e^2}}{W_1} ,$$

$$\sin u_2 = \frac{\sin B_2 \sqrt{1-e^2}}{W_2} \,,\, \cos u_1 = \frac{\cos B_1}{W_1} \,,\, \cos u_2 = \frac{\cos B_2}{W_2} \,,\, L = L_2 - L_1 ,$$

$$a_1 = \sin u_1 \sin u_2 \,,\, a_2 = \cos u_1 \cos u_2 \,,\, b_1 = \cos u_1 \sin u_2 \,,\, b_2 = \sin u_1 \cos u_2$$

（2）用逐次趋近法同时计算起点大地方位角、球面长度以及经度差 $\lambda = l + \delta$；第一次趋近时,取 $\delta = 0$：

$$p = \cos u_2 \sin \lambda \,,\, q = b_1 - b_2 \cos \lambda \,,\, A_1 = \arctan \frac{p}{q} \,,\, \sin \sigma = p \sin A_1 + q \cos A_1 ,$$

$$\cos \sigma = a_1 + a_2 \cos \lambda \,,\, \sigma = \arctan\left(\frac{\sin \sigma}{\cos \sigma}\right) \,,\, \sin A_0 = \cos u_1 \sin A_1 ,$$

$$x = 2a_1 - \cos^2 A_0 \cos \sigma \,,\, \delta = (\alpha \sigma - \beta x \sin \sigma) \sin A_0$$

式中,α、β 为对应的系数。用计算得到的 δ 计算 $\lambda_1 = l + \delta$,依此,按照上述步骤重新计算 δ_2,再用 δ_2 计算 λ_2,仿此一直迭代,直到最后两次 δ 相同或小于给定的允许值。λ、A_1、σ、x 以及 $\sin A_0$ 均采用最后一次计算的结果。

（3）计算参考系数 A、B、C 和大地线长度 S。

$$y = (\cos^4 A_0 - 2x^2) \cos \sigma \,,\, S = A\sigma + (Bx + Cy) \sin \sigma$$

（4）计算反方位角：

$$A_{21} = \arctan\left(\frac{\cos u_1 \sin \lambda}{b_1 \cos \lambda - b_2}\right)$$

确定反正切值符号的方法同前。

大地测量主题解算的窗体名称为 FrmD3.frm,如图 7-14 所示。

正算算例：

已知 $B_1 = 47°46'52.647\,0''$,$L_1 = 35°49'36.330\,0''$,$A_{12} = 44°12'13.664\,0''$,$S =$

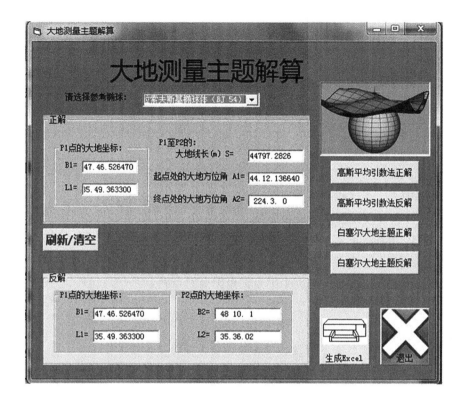

图 7-14 大地测量主题解算的窗体界面

44 797.282 6 m。

高斯平均引数正算，求得结果 $B_2 = 48°10'01''$，$L_2 = 35°36'02''$，$A_{21} = 224°08'$。

白塞尔大地主题正算，求得结果 $B_2 = 48°04'00''$，$L_2 = 36°16'0.6''$，$A_{21} = 224°30'$。

反算算例：

已知 $B_1 = 47°46'52.647\ 0''$，$L_1 = 35°49'36.330\ 0''$，$B_2 = 48°04'09.638\ 4''$，$L_2 = 36°14'45.000\ 4''$。

高斯平均引数反算，求得结果 $S = 44\ 797.282\ 6$ m，$A_{12} = 44°12'13.664\ 0''$，$A_{21} = 224°08'$。

白塞尔大地主题反算，求得结果 $S = 44\ 782.563\ 8$ m，$A_{12} = 44°11'06.15''$，$A_{21} = 224°29'0.73''$。

7.4.4　椭球面元素归算至高斯平面

椭球面元素归算至高斯投影面的主要内容包括高斯投影坐标、子午线收敛角、方向改化、距离改化和邻带坐标等计算。

7.4.4.1　高斯投影坐标计算

将起始点 P 的大地坐标 (B,L) 归算至高斯平面直角坐标 (x,y)，为检核还应进行反算，亦即根据 (x,y) 求 (B,L)。这两项功能都是通过函数 zuobiaozhengsuan 和 zuobiaofansuan 来实现的。

高斯投影坐标正算公式的投影必须同时满足以下 3 个条件：

(1) 中央子午线投影后为直线；

(2) 中央子午线投影后长度不变；

(3) 投影具有正形性质，即正形投影条件。

高斯投影坐标反算公式的投影必须同时满足以下 3 个条件：

(1) x 坐标轴投影后中央子午线是投影的对称轴；

(2) x 坐标轴投影后长度不变；

(3) 投影具有正形性质，即正形投影条件。

7.4.4.2　子午线收敛角 γ 计算

目的为实现椭球面上起算边大地方位角 A 归算到高斯平面相应边的坐标方位角。

在模型中，子午线收敛角 γ 是直接由已知点的大地坐标 (B,L) 计算的，如果已知的是高斯平面直角坐标 (x,y)，应该先进行高斯投影坐标反算求得大地坐标 (B,L) 再计算子午线收敛角 γ。

其数学模型用公式如下：

(1) 对于克拉索夫斯基椭球，有：

$$\gamma = \{1+[(0.333\ 33+0.006\ 74\cos^2 B)+(0.2\cos^2 B-0.006\ 7)l^2]l^2\cos^2 B\}l\sin B$$

(2) 对于 1975 国际椭球，有：

$$\gamma = [1+(C_3+C_5 l^2)l^2\cos^2 B]l\sin B$$

上式中，$C_3=0.333\ 32+0.006\ 78\cos^2 B$，$C_5=0.2\cos^2 B-0.066\ 7$。

7.4.4.3　方向改化 δ 计算

目的为实现椭球面上起算边大地方位角 A 归算到高斯平面相应边的坐标方位角，以及将椭球面上各三角形内角归算到高斯平面上的由相应直线组成的三角形内角。

根据已知两点的高斯平面直角坐标 (x_1,y_1) 和 (x_2,y_2)，建立模型。

首先,计算球面角超 ε'':

$$\varepsilon'' = \frac{\rho}{R^2}\left[(x_1 - x_2)\frac{(y_1 + y_2)}{2}\right]$$

$$\delta_{12} = \frac{\rho}{2R^2}y_m(x_1 - x_2), \delta_{21} = -\frac{\rho}{2R^2}y_m(x_1 - x_2)$$

其中:

$$y_m = \frac{1}{2}(y_1 + y_2)$$

7.4.4.4　距离改化 Δs 计算

目的为实现椭球面上边的长度 S 归算到高斯平面相应边的长度 D。

需要已知椭球面上大地线长度 S。可以直接输入,也可以用两点的高斯平面直角坐标 (x_1, y_1) 和 (x_2, y_2) 求得,然后再计算。

其数学模型用公式表示为:

$$D = \left(1 + \frac{y_m^2}{2R_m^2} + \frac{\Delta y^2}{24R_m^2} + \frac{y_m^4}{24R_m^4}\right)S$$

距离改化 Δs 计算公式为:

$$\Delta s = D - S$$

7.4.4.5　邻带坐标换算

主要选择间接法,即应用高斯投影正、反算公式进行换带计算。实质是把椭球面上的大地坐标作为过渡坐标。解法是:首先利用在第Ⅰ带高斯投影坐标反算公式,换算成椭球面大地坐标 (B, l_1),进而得到 $L = L_0^1 + l_1$。然后再由大地坐标 (B, l_1) 利用高斯投影坐标正算公式,计算该点在第Ⅱ带的平面直角坐标 (x, y)。

椭球面元素归算至高斯投影面的窗体名称为 FrmD4.frm,验证高斯投影坐标正、反算及换带计算,结果如图 7-15 所示。

7.4.5　大地控制测量计算

本模块设计了附合导线与水准路线计算程序。

7.4.5.1　导线测量内业计算

导线测量的最终目的是要获得各个导线点的平面直角坐标。内业计算的原始数据为观测的角度和边长,它们必须是正确可靠的。作为起算依据的已知点坐标,在参与计算前也需要进行审核。

窗体上首先设置了一个图片框,引用了一幅导线测量模型示意图,主要的是一个 Spreadsheet 控件,其功能与 Excel 相仿。

图 7-15　椭球面元素归算至高斯投影面的窗体界面

根据窗体上的模型示意图介绍导线测量内业计算的步骤,主要数学模型为:

(1) 由 M、A 两点的坐标,反算出坐标方位角 α_{MA},或者要求 α_{MA} 已知。

以下是坐标的正、反算公式:

$$\begin{cases} x_B = x_A + \Delta x_{AB} \\ y_B = y_A + \Delta y_{AB} \end{cases}$$

式中:

$$\begin{cases} \Delta x_{AB} = S_{AB} \cos \alpha_{AB} \\ \Delta y_{AB} = S_{AB} \sin \alpha_{AB} \end{cases}$$

$$S_{AB} = \frac{\Delta x_{AB}}{\cos \alpha_{AB}} = \frac{\Delta y_{AB}}{\sin \alpha_{AB}} = \sqrt{\Delta x_{AB}^2 + \Delta y_{AB}^2}$$

$$\alpha_{MA} = \arctan \frac{y_M - y_A}{x_M - x_A}$$

(2) 由 α_{MA} 起始,按照 β_1、β_2、…各个观测角度推算 AP_2、P_2P_3、…各边的坐标方位角 α_{AP_2}、$\alpha_{P_2P_3}$、…:

$$\alpha_{BN} = \alpha_{AM} + \beta_i - 180°$$

（3）由各边的坐标方位角及边长，正算两相邻导线点的坐标增量 Δx_{AP_2}、Δy_{AP_2}、$\Delta x_{P_2P_3}$、$\Delta y_{P_2P_3}$、…：

$$\begin{cases} \Delta x_{ij} = S_{ij} \cos \alpha_{ij} \\ \Delta y_{ij} = S_{ij} \sin \alpha_{ij} \end{cases}$$

（4）计算坐标增量闭合差，得到 f_x、f_y，再求出 f_S，计算全长相对闭合差 K：

$$\begin{cases} f_x = x'_B - x_B \\ f_y = y'_B - y_B \end{cases}, f_S = \sqrt{f_x^2 + f_y^2}, K = \frac{f_S}{\sum S}$$

并检查 f_x、f_y、f_S、K 是否超限。

（5）若没有超限，计算各坐标增量的改正数 $v_{\Delta x_{ij}}$，即将 f_x、f_y 均进行反号分配得改正后的坐标增量；

$$\begin{cases} v_{\Delta x_{ij}} = -\dfrac{f_x}{\sum S} S_{ij} \\ v_{\Delta y_{ij}} = -\dfrac{f_y}{\sum S} S_{ij} \end{cases}, \begin{cases} \Delta x_{ij} = \Delta x'_{ij} + v_{\Delta x_{ij}} \\ \Delta y_{ij} = \Delta y'_{ij} + v_{\Delta y_{ij}} \end{cases}$$

（6）根据起始点坐标及改正后的坐标增量依次计算各导线点的坐标。若由推算而得的 B 点的坐标与已知的值完全相符，则正确；否则应仔细检查计算中的错误所在，加以更正。

以算例来验证程序。

（1）输入待求导线点的个数 n。

（2）将已知观测角 β_i、观测边长 S_i 和 α_{MA} 一一输入窗体 Spreadsheet 控件相应的单元格内，单击"计算"按钮。或者，点击 导入已知数据 工具栏按钮，可以打开导入数据对话框，如图 7-16 所示，选择 .xml 格式的数据文件，再点击"计算"。

经判断 $n=4$，数据文件为 DAOXIAN 举例 .xml。

将导线数据平差的结果以 MsgBox() 消息框的格式提示出来，如图 7-17 所示，若点击"取消"，将退出平差计算过程；若点击"确定"，将进一步显示待定边两端点的坐标方位角和待定点的 (x, y) 坐标。

求解完了待定边两端点的坐标方位角和待定点的 (x, y) 坐标后，在窗体上就可以显示这些计算结果。

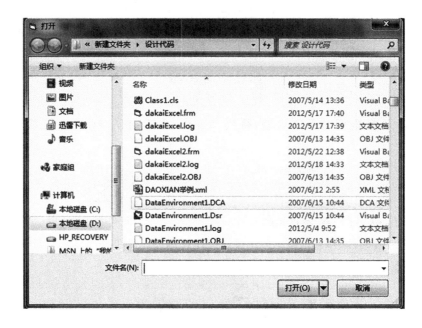

图 7-16　打开导入数据对话框,选择.xml 格式的数据文件

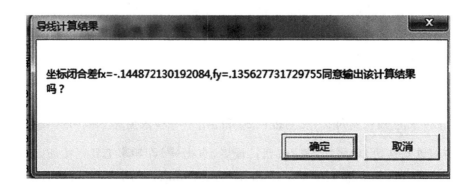

图 7-17　MsgBox()消息框

　　或者,再单击 按钮,将计算得到的导线点坐标结果输出到 Excel 只读文件就可以对所获得的数据根据需要进行保存、打印了,如图 7-18、图 7-19 所示。

7.4.5.2　水准路线内业计算

　　新建一个近似水准平差的子窗体,从工具箱加入各种控件,设计一个简单的

	A	B	C	D	E	F	G	H	I
1	点号	观测角	坐标方位角	边长(米)	坐标增量Δx	坐标增量Δy	X	Y	备注
2	M		237.593						
3	A (1)	99.0106	157.0035	225.85	-207.91142	88.21033932	2507.69	1215.63	
4	2	167.4542	144.4617	139.03	-113.56801	80.19755523	2299.807554	1303.813214	
5	3	123.113	87.5747	172.57	6.1329745	172.4609855	2186.268518	1383.983643	
6	B (5)	189.2042	97.1829	100.07	-12.729792	99.25702645	2192.430467	1556.417503	
7	N	179.5924	97.1753	102.48	-13.018624	101.6497212	2179.72965	1655.647404	
8		129.2736	46.4529	S: 740	和: -341.09	和: 541.77562	2166.74	1757.27	
9					fx: -.14487	fy: .135627731729755			
10					fs: .198451041117326				
11					k=1/3729				
12									

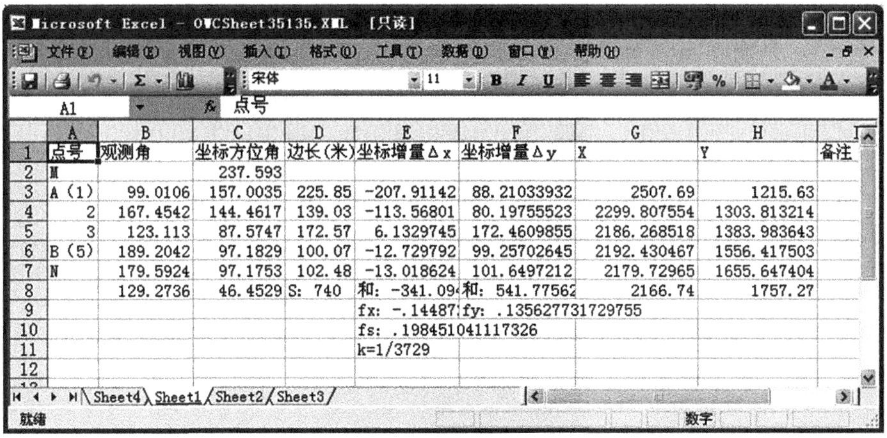

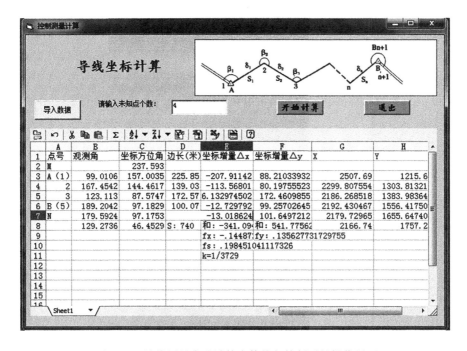

图 7-18 最后处理完成的导线点坐标文件

	A	B	C	D	E	F	G	H
1	点号	观测角	坐标方位角	边长(米)	坐标增量Δx	坐标增量Δy	X	Y
2	M		237.593					
3	A (1)	99.0106	157.0035	225.85	-207.91142	88.21033932	2507.69	1215.6
4	2	167.4542	144.4617	139.03	-113.56801	80.19755523	2299.807554	1303.81321
5	3	123.113	87.5747	172.57	6.132974502	172.4609855	2186.268518	1383.98364
6	B (5)	189.2042	97.1829	100.07	-12.729792	99.25702645	2192.430467	1556.41750
7	N	179.5924	97.1753		-13.018624	101.6497212	2179.72965	1655.64740
8		129.2736	46.4529	S: 740	和: -341.09	和: 541.77562	2166.74	1757.2
9					fx: -.14487	fy: .135627731729755		
10					fs: .198451041117326			
11					k=1/3729			
12								
13								
14								
15								

图 7-19 导线测量内业计算窗体执行算例后的操作界面

窗体界面，其中包含数据文件的导入导出、数据预处理和近似平差、查看报告等功能，还有一些与之对应的快捷键。此模块实现的是简单的附合水准近似平差，因为附合水准的已知高程是起始点和终止点,而这两点的理论高差值为它们的差值 ΔH,而实际的高差值为各测段高差之和 $\sum H_{实测}$,那么附合水准近似平差的闭合差为($\sum H_{实测} - \Delta H$),当闭合差小于限差时,将闭合差按测段长度成比例分配。

主要程序代码为:

```
Private double GetHeightClosure()
    {
        double sum＝Data.Points[0].Height；
        for (int i＝0；i＜Data.Data.Count；i＋＋)
        {
            sum＋＝Data.Data[i].HeightDiff；
        }
            sum－＝Data.Points[Data.Points.Count－1].Height；//闭合
            差：w＝Δh＋HA－HB
            return sum；
    }
        private double GetDistanceSum()
        {
            return Data.Points[Data.Points.Count－1].Distance；
        }
        Private void Corrections()
        {
            for (int i＝0；i＜Data.Data.Count；i＋＋)
            {
                double Li＝Data.Data[i].Distance；
                double Vi＝－HeightClosure * Li/DistanceSum；
                Data.Data[i].Residuals＝Vi；
            }
        }
        Public void HeightAdjustment()
        {
```

```
Corrections();
Pricision();
StationPrecision();
double H＝Data.Points[0].Height;
for (int i＝1;i＜Data.Points.Count－1;i＋＋)
{
    double h＝Data.Data[i－1].HeightDiff＋Data.Data[i－
    1].Residuals;
    H＋＝h;
    Data.Points[i].Height＝H;
    Data.Points[i].Precision＝Data.Data[i].Precision;
```

　　基本操作实现一键完成，经过导入数据、计算处理，即可得到平差后的报告，导入数据的效果图如图 7-20 所示，近似平差报告效果图如图 7-21 所示。

测站编号	后视点名	前视点名	后尺1	后尺2	前尺1	前尺2	距离1	距离2	距离差d	Σd	后视中丝1	后视中丝2
1	A	-1	59.198	59.196	59.122	59.12	0.076	0.076	0.076	0.076	0.658	0.656
2	-1	-1	59.251	59.249	59.175	59.173	0.076	0.076	0.076	0.152	0.66	0.658
3	-1	B	59.303	59.302	59.227	59.225	0.076	0.076	0.076	0.228	0.661	0.66
4	B	-1	59.355	59.354	59.28	59.278	0.076	0.076	0.076	0.304	0.663	0.661
5	-1	-1	59.407	59.406	59.331	59.329	0.076	0.076	0.076	0.38	0.664	0.662
6	-1	-1	59.458	59.457	59.382	59.38	0.076	0.076	0.076	0.457	0.665	0.664
7	-1	C	59.508	59.507	59.432	59.43	0.076	0.076	0.076	0.533	0.666	0.665
8	C	-1	59.557	59.556	59.481	59.479	0.076	0.076	0.076	0.609	0.668	0.666
9	-1	-1	59.605	59.604	59.529	59.527	0.076	0.076	0.076	0.685	0.669	0.667
10	-1	-1	59.652	59.651	59.576	59.574	0.076	0.076	0.076	0.761	0.669	0.668
11	-1	D	59.697	59.696	59.621	59.62	0.076	0.076	0.076	0.837	0.67	0.669
12	D	-1	59.741	59.74	59.666	59.664	0.076	0.076	0.076	0.913	0.671	0.67
13	-1	-1	59.784	59.783	59.708	59.707	0.076	0.076	0.076	0.989	0.671	0.67
14	-1	-1	59.825	59.824	59.75	59.748	0.076	0.076	0.076	1.065	0.672	0.671
15	-1	E	59.865	59.864	59.789	59.788	0.076	0.076	0.076	1.141	0.672	0.671
16	E	-1	59.904	59.902	59.828	59.826	0.076	0.076	0.076	1.217	0.672	0.671
17	-1	-1	59.94	59.939	59.864	59.863	0.076	0.076	0.076	1.294	0.672	0.671
18	-1	-1	59.976	59.974	59.9	59.898	0.076	0.076	0.076	1.37	0.671	0.67
19	-1	F	60.009	60.008	59.933	59.932	0.076	0.076	0.076	1.446	0.671	0.67

图 7-20　附合水准近似平差数据导入效果

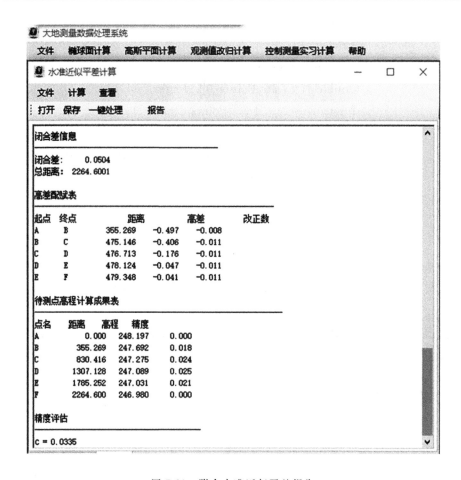

图 7-21　附合水准近似平差报告

7.5　系统窗口与帮助

7.5.1　系统窗口

在窗口菜单中共有 5 项,分别是排列窗口的 3 种方式:水平平铺(mnuW1)、垂直平铺(mnuW2)、层叠窗口(mnuW3)以及针对当前窗口的操作:关闭当前窗口(mnuW4)和关闭所有窗口(mnuW5)。

主要代码为:

```
Private Sub mnuW1_Click(Index As Integer)
    MDIForm1.Arrange vbHorizontal
```

```
End Sub
Private Sub mnuW2_Click(Index As Integer)
    MDIForm1.Arrange vbVertical
End Sub
Private Sub mnuW3_Click(Index As Integer)
    MDIForm1.Arrange vbCascade
End Sub
Private Sub mnuW4_Click(Index As Integer)
    If Not (MDIForm1.ActiveForm Is Nothing) Then
        Unload MDIForm1.ActiveForm
    End if
End Sub
Private Sub mnuW5_Click(Index As Integer)
    Do While Not (MDIForm1.ActiveForm Is Nothing)
        Unload MDIForm1.ActiveForm
    Loop
End Sub
```

7.5.2 系统帮助

系统帮助制作窗体如图 7-22 所示,通过 shellabout 函数来实现。

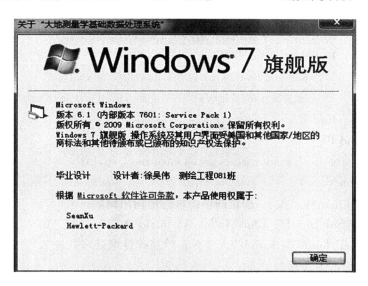

图 7-22 "关于"窗体

主要代码为：

```
Public Declare Function shellabout Lib "shell32.dll" Alias "ShellAboutA"
(ByVal hwnd As Long，ByVal szapp As String，ByVal sz As String，ByVal
hion As Long) As Long
    Const G＝（－4），Const w＝&.H46
    Public Type WINDOWS
        hwnd As Long
        hafter As Long
        x As Long
        y As Long
        cwx As Long
        chy As Long
        flags As Long
    End Type
    Public pre As Long
    Public Function wproc（ByVal hwnd As Long，ByVal msg As String，
ByVal wp As String，ByVal lp As Long) As Long
        Dim lwd As Long，hwd As Long
        Dim winpos As WINDOWS
        If msg＝w Then
            copymemory winpos，ByVal lp，Len（winpos）
            If winpos.x＜0 Then
                winpos.x＝0
                copymemory ByVal lp，winpos，Len（winpos）
            End If
        End If
        wproc＝callwindowproc（pre，hwnd，msg，wp，lp）
    End Function
```

在 MDI 主窗体，"关于"按钮的单击事件中调用函数：

```
Private Sub mnuH1_Click(Index As Integer)
    shellabout Me.hwnd，"大地测量学基础数据处理系统"，"设计者:徐吴
    伟"，Me.Icon
End Sub
```

7.6 系统调试与编译

7.6.1 程序调试

在应用程序中运行、查找并修改错误的进程称为调试。为了分析应用程序的操作方式,VB中提供了若干调试工具。这些调试工具可以跟踪程序进行、验证中间过程的正确性、检查变量变化的情况。VB的调试工具的主要功能为:

(1) 逐语句。单步地执行应用程序代码的下一个可执行语句。如果该行有过程调用,则会跟踪到过程中。当程序中断运行时,可以使用该功能逐行执行程序。

(2) 逐过程。执行应用程序代码的下一个可执行过程,但不跟踪过程。

(3) 跳出。执行当前过程的其他部分,并返回到调用该过程的下一行处中断。

(4) 本地窗口。显示局部变量的当前值。

(5) 立即窗口。当应用程序处于中断模式时,允许执行代码或查询值。

(6) 监视窗口。显示选定表达式的值。

(7) 快速监视。当应用程序处于中断模式时,列出表达式的当前值。

在 VB 程序调试时,经常用到 Debug 对象。Debug 对象可以在立即窗口中显示调试信息或中断程序运行。

7.6.2 程序编译

编译过程的最终结果是将应用程序的工程架构整合成为一个可执行文件,这样将应用程序文件和数据文件一起发布给广大用户,用户就可以运行该应用程序。

建立应用程序的具体步骤是:先测试项目然后将项目连编成一个应用程序文件。调试无误后,就可以单击 VB 中的"文件"菜单下的"生成×××.exe"菜单项。在弹出的"生成工程"对话框中,选择生成的可执行文件的存放路径,并输入可执行文件的名称,然后单击"确定"按钮。

7.7 本章小结

大地测量学基础数据处理系统是依据软件工程原理与方法进行编制的,遵循了"模块间低耦合,模块内高内聚"的原则,经过总体架构的设计、数据库建立、各个功能模块的详细设计和研究、系统的编码、调试、组装和系统维护等,利用VB、Access、Word 及 Excel 实现了集成开发,实现了课程教学过程中涉及的坐标转换、地面观测值归算到椭球面、大地测量主题解算、椭球面观测值归算到高斯投影面及换带计算等数据计算处理内容,为教学过程计算指导、内容理解及作业讨论等提供系列辅助,为解决复杂测绘工程问题提供工具支持。

大地测量学基础数据处理系统建设与开发管理是基于 OBE 教育理念,以学生为中心,致力于测绘工程专业工程教育认证和国家级一流专业建设,加强主干课程学习资源建设,以成果导向为出发点,以大纲考核为标准,系统全面针对大地测量学基础教学目标,反映位理论基础、大地水准面、常用坐标系、椭球面计算、高斯平面计算及几何大地测量等基本理论,能够让学生运用适当数学模型实现地球形状、大小及点位的推理与计算,目的明确,为大地测量数据计算处理服务,能够将数学、自然科学、工程基础和专业知识用于解决复杂测绘工程问题。

8　课程学习网站设计与实现

8.1　网站总体规划

8.1.1　网站建设流程

整个大地测量学基础课程网站开发过程大概需要经过 9 个步骤,可以归纳为网站策划、实施网站方案、发布与推广,如图 8-1 所示。

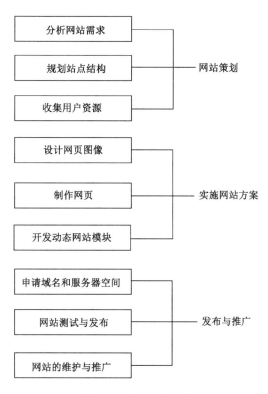

图 8-1　网站建设流程

8.1.2 网站体系结构

根据大地测量学基础课程网站的用途、服务对象以及现有的教学资源,该网站的组成大致可以分为 8 个部分:首页、课程简介、师资队伍、教学文件、课程教案、教辅资料、模拟自测、在线交流,如图 8-2 所示,每个部分再分列下级菜单。为了使教学网站不那么沉闷,可采用一些活泼但又不失稳重的页面设计。

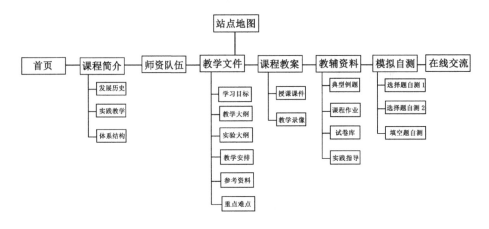

图 8-2 网站体系结构

8.1.3 需求分析

大地测量学基础课程网站属于教学网站,一方面辅助大地测量学基础课程教学,另一方面提供师生互动交流平台。网站扩大了大地测量学基础信息资源提供的网络平台,用户以测绘工程专业方面的老师、学生为重点,侧重点在于提供大地测量方面的信息、资源等,内容以文字和多媒体信息为主,色彩搭配需稳重但又不乏活泼自然,给人以轻松愉快的感觉。网站建设需要的资源包括文字资料、图像资料、视频资源等,形式多样的资源可以使网站内容更加丰富,设计网页时也更得心应手。

8.2 网站开发的技术基础

8.2.1 Dreamweaver 软件

Dreamweaver 是美国 Macromedia 公司开发的集网页制作和网站管理于一身的所见即所得网页编辑器,是在网页设计与制作领域中用户最多、应用最广、功能最强大的软件。它集网页设计、网站开发和站点管理功能于一身,具有可视化、支持多平台和跨浏览器的特性,是目前网站设计、开发、制作的首选工具。该软件具有以下特点：

（1）灵活的编写方式。

Dreamweaver 具有灵活编写网页的特点，不但将世界一流水平的"设计"和"代码"编辑器合二为一，而且在设计窗口中还精化了源代码，能帮助用户按工作需要定制自己的用户界面。同时有代码和设计界面，既可以在代码中编写复杂程序实现一定的功能，又可以在设计界面直接设计界面同时在代码部分自动生成代码，如图 8-3 所示，给用户提供了极大方便。

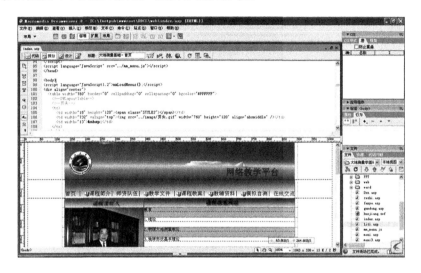

图 8-3　Dreamweaver 软件界面

（2）可视化编辑界面。

Dreamweaver 是一种所见即所得的 HTML 编辑器，可实现页面元素的插入和生成。可视化编辑环境大量减少了代码的编写，同时亦保证了其专业性和兼容性，并且可以对内部的 HTML 编辑器和任何第三方的 HTML 编辑器进行实时的访问。无论用户习惯手工输入 HTML 源代码还是使用可视化的编辑界面，Dreamweaver 都能提供便捷的方式使用户设计网页和管理网站变得更容易。

（3）强大的 Web 站点管理功能。

Dreamweaver 软件可实现对站点的新建、编辑、复制、删除、导入、导出等多方面操作，如图 8-4 所示。

（4）丰富的媒体支持能力。

可以方便地加入 Java、Flash、Shockwave、ActiveX 以及其他媒体。Dream-

图 8-4　管理站点

weaver 具有强大的多媒体处理功能,在设计 DHTML 和 CSS 方面表现得极为出色,它可利用 JavaScript 和 DHTML 语言代码轻松地实现网页元素的动作和交互操作。

Dreamweaver 在设计动态网页时的所见即所得的功能,可不需要透过浏览器就能预览网页。Dreamweaver 还集成了程序开发语言,对 ASP、NET、PHP、JS 的基本语言和连接操作数据库都是完全支持的。

8.2.2　ASP 技术

ASP 的英文全称是 active server pages,它是服务器端脚本,可直接在服务器端运行,然后将运行结果写入 HTML 文件返回给浏览者。编写 ASP 程序只需具备简单的 HTML 常识,再加上 JavaScript 或 VBScript 的一点基础,就可以创建出强大的交互式网页。

8.2.2.1　ASP 的特点

(1) ASP 语言不需要进行编译或链接就可以直接执行,并整合于 HTML 中,无须特定的编辑软件,使用一般编辑程序进行编辑设计即可,如"记事本"。

(2) 使用一些相对简单的脚本语言,如 JavaScript、VBScript 的一些基础知识,结合 HTML 即可完成网站的制作。

(3) 可以在浏览 HTML 代码的浏览器中对 ASP 网页内容进行浏览。

(4) 使用 ASP 编辑的源程序不会外漏,可确保源程序的安全。

(5) ASP 采用了面向对象技术。

(6) 利用 ASP 可以突破静态网页的一些功能限制,实现动态网页技术。

8.2.2.2　ASP 的工作原理

当在 Web 站点中融入 ASP 功能后,将发生以下事情:

(1) 用户向浏览器地址栏输入网址,默认页面的扩展名是.asp。

（2）浏览器向服务器发出请求。

（3）服务器引擎开始运行 ASP 程序。

（4）ASP 文件按照从上到下的顺序开始处理，执行脚本命令，执行 HTML 页面内容。

（5）页面信息发送到浏览器。

8.2.2.3 ASP 内置对象

（1）Application 对象：可以使用 Application 对象使给定应用程序的所有用户共享信息。

（2）Request 对象：可以使用 Request 对象访问任何用 HTTP 请求传递的信息。

（3）Response 对象：可以使用 Response 对象控制发送给用户的信息。

（4）Server 对象：提供对服务器上的方法和属性进行的访问。

（5）Session 对象：可以使用 Session 对象存储特定的用户会话所需的信息。

（6）ObjectContext 对象：可以使用 ObjectContext 对象提交或撤销由 ASP 脚本初始化的事务。

8.2.2.4 ASP 常用内置函数

在 ASP 中，把带有返回值的一段代码叫作函数。

（1）日期/时间函数。

这些函数包括对"年""月""日""时""分""秒""星期"等的显示。主要包括：Now 函数；Date 函数；Time 函数；Year 函数；Month 函数；Day 函数；Hour 函数；Minute 函数；Second 函数；Weekday 函数；WeekDayName 函数。

（2）字符串处理函数。

在脚本的功能处理中，通常需要对字符串进行一些修饰性处理。主要包括：Asc 函数；Chr 函数；Len 函数；LCase 函数；UCase 函数；Trim 函数；Left 函数；Right 函数；Instr 函数；Mid 函数；Replace 函数。

（3）类型转换函数。

Cbool(string)转换为布尔值；Cbyte(string)转换为字节类型的值；Ccur(string)转换为货币类型的值；Cdate(string)转换为日期类型的值；Cdbl(string)转换为双精度值；Cint(string)转换为整数值；Clng(string)转换为长整型的值；Csng(string)转换为单精度的值；Cstr(var)转换为字符串值；Str(var)数值转换为字符串；Val(string)字符串转换为数值。

（4）运算函数。

Abs(nmb)返回数字的绝对值；Atn(nmb)返回一个数的反正切；Cos(nmb)返回一个角度的余弦值；Exp(nmb)返回自然指数的次方值；Int(nmb)返回数字

的整形（进位）部分；Fix（nmb）返回数字的整形（舍去）部分；Formatpercent（表达式）返回百分比；Hex（nmb）返回数据的 16 进制数；Log（nmb）返回自然对数；Oct（nmb）返回数字的 8 进制数；Rnd 返回大于"0"而小于"1"的随机数，但此前需 randomize 声明产生随机种子；Sgn（nmb）判断一个数字的正负号；Sin（nmb）返回角度的正弦值；Sqr（nmb）返回数字的二次方根；Tan（nmb）返回一个数的正切值。

8.2.3 搭建 ASP 运行环境

运行动态网页时需要有支持该动态网页的服务器，因此应首先创建一个服务器环境。建立服务器环境并不是真正架设一个服务器，而是需要建立一个能够运行和测试已经编写好的动态网页的环境。在 Windows XP 系统上安装服务器，只需要安装 IIS 即可完成服务器环境的安装，与 Windows XP 配合的服务器环境为 IIS，这是目前 Windows 系统中最正统和最稳定的网站服务器。

安装程序如下：

（1）首先，因为没有 Windows XP 的安装盘，下载一个 IIS5.1 的安装包，然后解压，打开"控制面板"—"添加和删除程序"—"添加和删除 Windows 组件"，选择"Internet 信息服务（IIS）"，如图 8-5 所示。

图 8-5　安装 Windows 组件向导

（2）打开下载的安装包，开始安装，因为找不到 Windows XP 的安装盘，出现如图 8-6 所示对话框。

（3）此时选择安装包的文件夹，如图 8-7、图 8-8 所示。

（4）IIS 安装成功，如图 8-9 所示。

图 8-6 插入磁盘提示

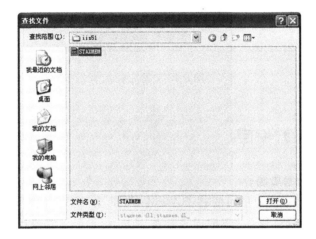

图 8-7 查找文件

图 8-8 所需文件

图 8-9　安装完成

8.3　Access 数据库

8.3.1　Access 数据库简介

Access 是微软公司推出的基于 Windows 的桌面关系数据库管理系统,是 Office 系列应用软件之一,数据库界面如图 8-10 所示。它提供了表、查询、窗体、报表、页、宏、模块 7 种用来建立数据库系统的对象,提供了多种向导、生成器、模板,把数据存储、数据查询、界面设计、报表生成等操作规范化,为建立功能完善的数据库管理系统提供了方便,也使得普通用户不必编写代码,就可以完成大部分数据管理的任务。

Access 能够存取 Access/Jet、Microsoft SQL Server、Oracle,或者任何 ODBC兼容数据库内的资料。熟练的软件设计师和资料分析师利用它来开发应用软件,而一些不熟练的程序员和非程序员的"进阶用户"则能使用它来开发简单的应用软件。

Access 的优点为:

(1) 存储方式单一。Access 管理的对象有表、查询、窗体、报表、页、宏和模块,以上对象都存放在后缀为(.mdb)的数据库文件中,便于用户操作和管理。

(2) 面向对象。Access 是一个面向对象的开发工具,利用面向对象的方式将数据库系统中的各种功能对象化,将数据库管理的各种功能封装在各类对象中。它将一个应用系统当作是由一系列对象组成的,对每个对象都定义

图 8-10 Access 数据库界面

一组方法和属性,以定义该对象的行为和外围。用户还可以按需要给对象扩展方法和属性,通过对象的方法、属性完成数据库的操作和管理,极大地简化了用户的开发工作。同时,这种基于面向对象的开发方式,使得开发应用程序更为简便。

(3) 界面友好。Access 是一个可视化工具,其风格与 Windows 完全一样,用户想要生成对象并应用,只要使用鼠标进行拖放即可,非常直观方便。系统还提供了表生成器、查询生成器、报表设计器以及数据库向导、表向导、查询向导、窗体向导、报表向导等工具,使得操作简便,容易使用和掌握。

(4) 集成环境。Access 基于 Windows 操作系统下的集成开发环境,该环境集成了各种向导和生成器工具,极大地提高了开发人员的工作效率,使得建立数据库、创建表、设计用户界面、查询设计数据、打印报表等可以方便有序地进行。

(5) 支持 ODBC。利用 Access 强大的 DDE(动态数据交换)和 OLE(对象的连接和嵌入)特性,可以在一个数据表中嵌入位图、声音、Excel 表格、Word 文档,还可以建立动态的数据库报表和窗体等。Access 还可以将程序应用于网络,并与网络上的动态数据相连接,利用数据库访问页对象生成 HTML 文件,轻松构建 Internet/Intranet 的应用。

8.3.2 建立数据库连接

采用 ODBC 实现数据库连接,选择"开始"—"控制面板"—"管理工具"窗口,双击"数据源(ODBC)"图标,打开"ODBC 数据源管理器"对话框,切换到"系统 DSN"选项卡,如图 8-11 所示。

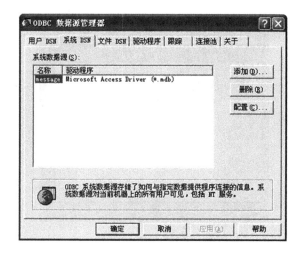

图 8-11　ODBC 数据源管理器

单击该选项卡中的"添加"按钮，打开"创建新数据源"对话框，选择 Microsoft Access Driver，如图 8-12 所示。

图 8-12　创建新数据源

点击完成后出现"ODBC Microsoft Access 安装"对话框，输入数据源名称，如图 8-13 所示。

选择需要建立连接的数据库，如图 8-14 所示，这样位于同一台计算机中的 ASP 都可以使用了。

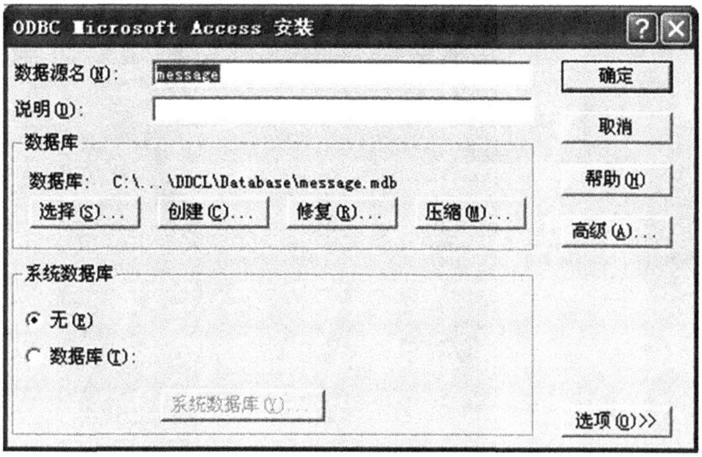

图 8-13　ODBC Microsoft Access 安装

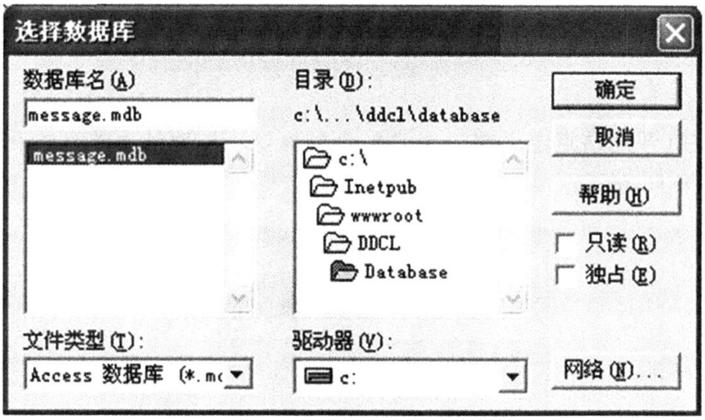

图 8-14　选择数据库

8.4　网站设计与实现

8.4.1　站点设计

使用 Dreamweaver 定义站点，可以更好地通过 Dreamweaver 管理和组织站点内的文档，可以自动实现跟踪和维护连接等功能。定义站点方法为：

（1）启动 Dreamweaver，点击"Dreamweaver 站点"按钮，出现如图 8-15 所

示窗口。

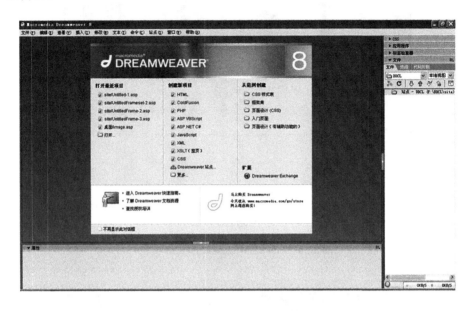

图 8-15　创建站点

（2）在打开的站点定义窗口定义站点名称，URL 地址可等到上传网页时再填写，如图 8-16 所示。

图 8-16　定义站点

（3）设置是否使用服务器技术，因为是本地制作，选择"否"，如图 8-17 所示。

图 8-17　选择服务器技术

（4）选择文件存储位置，如图 8-18 所示。

图 8-18　选择文件存储位置

（5）设置连接远方服务器的方式，如图 8-19 所示。

8.4.2　导航设计

8.4.2.1　网站标识设计

网站的标识，就是站点的标志图案，它一般会出现在站点的每一个页面上，是网站给人的第一印象。标识的存在主要有以下作用：标识是与其他网站链接以及让其他网站链接的标志和门户；是网站形象的重要体现；能使大众在大堆网

图 8-19　连接远方服务器方式

站中寻找到自己特定的内容。标识设计追求的是:以简洁的符号化的视觉艺术形象把网站的形象和理念根植于人们心中。网站标识与其他标志图案设计原则一样:遵循人们的认识规律,突出主题,引人注目。

标识的设计手法主要有以下几种:表象性手法、表征性手法、借喻性手法、标识性手法、卡通化手法、形构成手法、渐变推移手法。设计时往往是以一种手法为主,几种手法交错使用。

图 8-20 所示即为大地测量学基础课程网站的标识设计。该设计以墨蓝色为主调,以江苏海洋大学校徽为标识,点明该网站为学校的教学网站,并且直接署名为"大地测量学基础网络教学平台",直接点明网站的内容和方向。设计紧密结合了该网站专业教育的特色,也突出了其特定的服务对象,即主要为测绘专业人员服务。

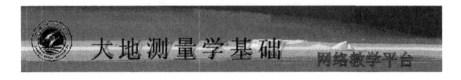

图 8-20　网站标识

凡是图像设计和处理方面的软件几乎都可以用来设计标识,例如平面静态图可用 PhotoShop 9、CorelDraw 10 等软件设计;Gif 动画图可用 Ulead GIF

Animator 5等软件设计；Flash 动画可用 Flash 8.0 等软件设计。该标识主要采用了 Ulead 与 Photoshop 相结合制作出来。动态的标识比文字形式的链接更能吸引人的注意，也更能表达该教学网站轻松不沉闷的特点。

网站的页脚设计主要突出该网站为学校教学网站以及侧面反映江苏海洋大学的校容校貌，同时采用 Ulead 与 Photoshop 工具相结合进行设计，主要表达的内容是江苏海洋大学的校风"严谨求实 团结献身"和校训"严师尊道 明德至善"，以及制作版权、联系方式等。以江苏海洋大学的校园风景为背景，加上动态显示的校风校训，显得活泼轻快，如图 8-21 所示。

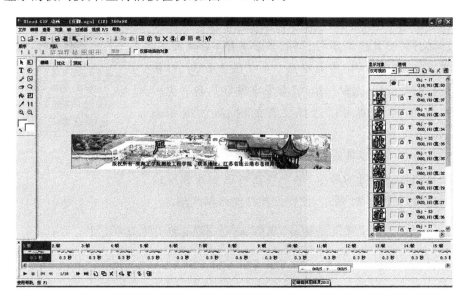

图 8-21　Ulead 制作动态效果

8.4.2.2　栏目导航设计

栏目在一般的网站中都是以熟悉的导航条的形式出现的。导航条是网页设计中不可缺少的部分，它是指通过一定的技术手段，为网站的访问者提供一定的途径，使其可以方便地访问到所需的内容，是人们浏览网站时可以快速地从一个页面转到另一个页面的通道。利用导航条，就可以快速找到想要浏览的页面，所以一般将其放置在显著位置，通常位于网页的顶部、左侧或者底部。为了将网站信息有效地传递，导航条应一目了然，具有易用性。

大地测量学基础课程网站的导航条以渐变蓝色为背景，与标识相呼应，以突出教学网站的稳重。内容共分为 8 个部分，如图 8-22 所示。每个部分都由链接

图 8-22　栏目导航条

组成,点击可跳转到相应的页面。因为大地测量学基础内容繁复,每个部分下又分成多个下级菜单,例如"教学文件"下又包括学习目标、教学大纲、实验大纲、教学安排、参考资料、重点难点。为了使页面简洁,采用下拉菜单设计,当鼠标指向"教学文件"时,自动弹出下拉菜单,单击就可以选择要看的内容,如图 8-23 所示。

图 8-23　下拉菜单

下拉菜单主要是通过"行为"实现的,可以增加、删除项目和移动项目的顺序,每个项目可以创建相应内容的链接,如图 8-24 所示,使得上述功能得以实现。

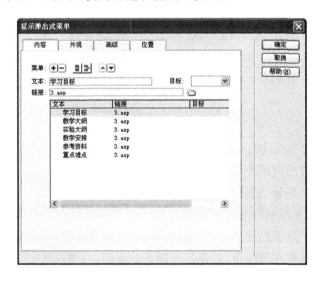

图 8-24　弹出式菜单的设置

采用 Photoshop 设计栏目导航,首先使用渐变工具,采用渐变蓝色,然后建立文字图层,对文字进行一些修饰,加上阴影等效果,如图 8-25 所示。

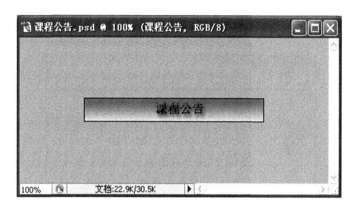

图 8-25　采用 Photoshop 制作栏目条

8.4.2.3　返回首页设计

在栏目导航或公共服务导航中设置返回首页的链接,在每一页上增添"返回首页"链接,或者通过前后箭头控制,使得用户能够返回首页。

可以采用文字形式,然后对文字创建链接,回到首页,实现代码如下:

〈p align="center"〉〈a href="index.asp"〉〈/a〉〈a href="index.asp"〉返回首页〈/a〉〈/p〉

也可以采用创建表单的形式完成返回首页的功能,将表单的目标指向首页,代码如下:

〈form id="form1" name="form1" method="post" action="index.asp"〉〈label〉〈span class="STYLE1"〉网站首页－大地测量学基础－教辅资料－课程作业〈/span〉〈input type="submit" name="Submit" value="返回首页"/〉〈/label〉〈/form〉

也可以采用图片的形式,右击图片,选择"创建链接"命令,回到首页,具体代码如下:

〈td valign="top"〉〈a href="ch2.asp"〉〈img src="../image/4.gif" width="40" height="43" border="0" /〉上一页〈/a〉〈a href="ch4.asp"〉img src="../image/8.gif" width="42" height="43" border="0" /〉下一页〈/a〉〈a href="index.asp"〉〈img src="../image/1.gif" width="50" height="50" border="0" /〉返回首页〈/a〉〈/td〉

8.4.3 网站页面设计

网站的页面设计工具为 Dreamweaver 软件，采用 ASP 技术，因此，新建 ASP VBScript 文档，进入布局模式，采用布局表格和布局单元格进行页面规划，划分好后，向里面填充相应的图片或者文字即可，如图 8-26 所示。

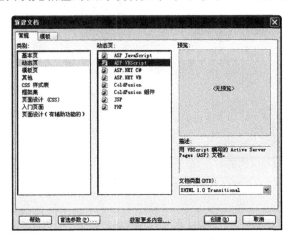

图 8-26　新建 ASP 文档

首页的设计分为页头、页脚和中间部分。页头包括网站标识和导航条；页脚主要是表现校风校训和校园风景的图片；中间部分的内容，如图 8-27 所示，主要包括课程责任人、课程公告、网站统计、课程教案以及最新的内容几个部分，将主要内容和最新内容反映在网站的首页。

为了使页面简洁大方，采用选项卡的形式将同级内容表达出来，当鼠标在滑动过程中停止时，表示选中某个选项卡，页面会自动显示该选项卡的内容。

当点击某个选项时，页面自动将该选项下的内容显示出来，并且同时隐藏其他选项的内容，默认显示的为第一个选项的内容，如图 8-28 所示。

实现如上页面的主要代码为：

```
〈script type="text/javascript" language="VBScript"〉
function getOutLine()
outline="〈table "+outlookbar.otherclass+"〉";
for (i=0;i＜(outlookbar.titlelist.length);i++)
outline+="〈tr〉〈td name=outlooktitle"+i+" id=outlooktitle"+i+"〉";
if (i! =outlookbar.opentitle)
outline+="nowrap
align = left style =′ cursor: hand; background-color:" + outlookbar.
```

图 8-27 首页设计图的中间部分

maincolor+";

color:#ffffff;height:20;border:1 none navy′";

else

outline+="nowrap

align = left style =′ cursor:hand;background-color:" + outlookbar.

maincolor+";

color:white;height:20;border:1 none white′";

outline+=outlookbar.titlelist[i].otherclass

outline+=" ⟨onclick=′switchoutlookBar("+i+")′⟩⟨span class=small-

Font⟩";

outline+= outlookbar.titlelist[i].title+"⟨/span⟩⟨/td⟩⟨/tr⟩";

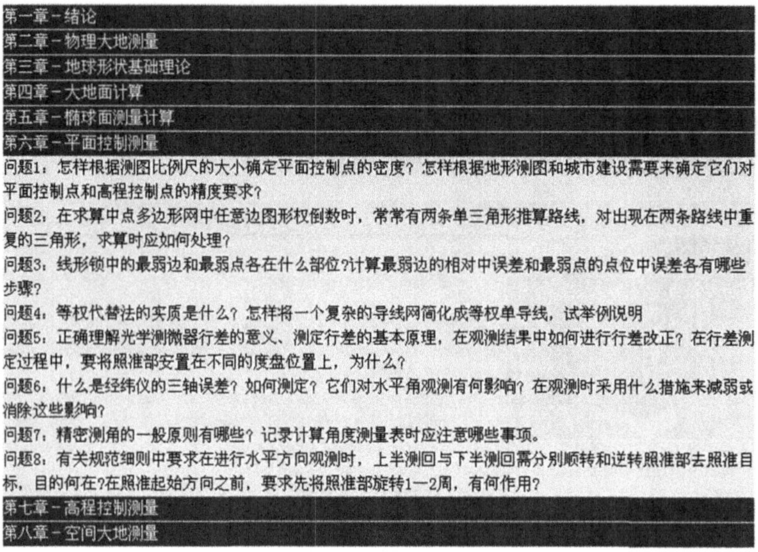

第一章－绪论
第二章－物理大地测量
第三章－地球形状基础理论
第四章－大地面计算
第五章－椭球面测量计算
第六章－平面控制测量
问题1，怎样根据测图比例尺的大小确定平面控制点的密度？怎样根据地形测图和城市建设需要来确定它们对平面控制点和高程控制点的精度要求？
问题2，在求算中点多边形网中任意边图形权倒数时，常常有两条单三角形推算路线，对出现在两条路线中重复的三角形，求算时应如何处理？
问题3，线形锁中的最弱边和最弱点各在什么部位？计算最弱边的相对中误差和最弱点的点位中误差各有哪些步骤？
问题4，等权代替法的实质是什么？怎样将一个复杂的导线网简化成等权单导线，试举例说明
问题5，正确理解光学测微器行差的意义、测定行差的基本原理，在观测结果中如何进行行差改正？在行差测定过程中，要将照准部安置在不同的度盘位置上，为什么？
问题6，什么是经纬仪的三轴误差？如何测定？它们对水平角观测有何影响？在观测时采用什么措施来减弱或消除这些影响？
问题7，精密测角的一般原则有哪些？记录计算角度测量表时应注意哪些事项。
问题8，有关规范细则中要求在进行水平方向观测时，上半测回与下半测回需分别顺转和逆转照准部去照准目标，目的何在？在照准起始方向之前，要求先将照准部旋转1~2周，有何作用？
第七章－高程控制测量
第八章－空间大地测量

图 8-28 弹出式页面

outline＋＝"〈tr〉〈td name＝outlookdiv"＋i＋" valign＝top align＝left id＝outlookdiv"＋i＋" style＝'width:100%〉"

if (i!＝outlookbar.opentitle)

outline＋＝";display:none;height:0%;";

t＝outlookbar.addtitle('第一章－绪论')

outlookbar.additem('问题 1:大地测量学基础课程的教学目的和要求是什么？为了达到上述目的和要求,在教学过程中要进行哪些教学活动?',t,)

outlookbar.additem('问题 2:简述大地测量学的基本体系和基本任务?',t,)

outlookbar.additem('问题 3:大地测量学主要研究内容有哪些？简述在国民经济建设中的主要地位和作用。',t,'1.html')

⋮

t＝outlookbar.addtitle('第八章－空间大地测量')

outlookbar.additem('问题 1:简述现代大地测量主要方法',t,)

outlookbar.additem('问题 2:论述 GPS 等现代大地测量方法的主要应用',t,)

//－－〉

〈/script〉

8.5 网站主要功能设计与实现

8.5.1 公告信息

课程公告主要是用来公布最新通知及消息,采用滚动的形式播放可以吸引眼球,效果如图 8-29 所示,实现以上效果的代码如下:

〈marquee width = "260" height = "127" onmouseover = stop ( ) onmouseout = start ( ) direction = "up" scrolldelay = "75" scrollamount = "1" truespeed〉

〈p〉开放创新实验提示:测绘 17 大地测量开放创新实验下学期期初 2 月 28 日—3 月 6 日进行,请相关同学假期做好设计与计划.〈/p〉

〈/marquee〉

图 8-29　课程公告

8.5.2 课件下载

将一些文件包括 PPT、word 等形式的课件材料放在教学网站,方便同学下载使用,当点击下载时,出现如图 8-30 所示界面,可以直接下载。

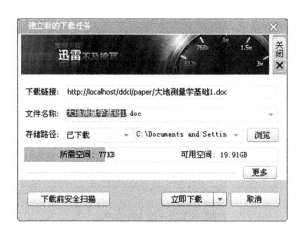

图 8-30　下载界面

以上功能的实现选择"插入"—"媒体"—"Flash 文本",具体代码如下:

〈object

classid＝" clsid：D27CDB6E － AE6D － 11cf － 96B8 － 444553540000 " codebase＝" http://download. macromedia. com/pub/shockwave/cabs/flash/ swflash.cab♯version＝5,0,0,0" width＝"34" height＝"20" align＝"middle"〉

〈param name＝"BGCOLOR" value＝"" /〉

〈param name＝"movie" value＝"text1.swf" /〉

〈param name＝"quality" value＝"high" /〉

〈embed src＝"text1.swf" width＝"34" height＝"20" align＝"middle" quality ＝" high" pluginspage＝" http://www. macromedia. com/shockwave/download/ index.cgi？P1_Prod_Version＝ShockwaveFlash" type＝"application/x-shockwave-flash" 〉〈/embed〉

〈/object〉

将下载作为 Flash 文本，设置大小及样式，在链接中选择需要链接的文本，即可完成，如图 8-31 所示。

图 8-31　设置 Flash 文本

8.5.3　网上模拟自测

包括选择题自测以及填空题自测。选择题自测以选中答案前的单选按钮进行选择，然后点击"查看成绩"按钮，结果如图 8-32 所示。

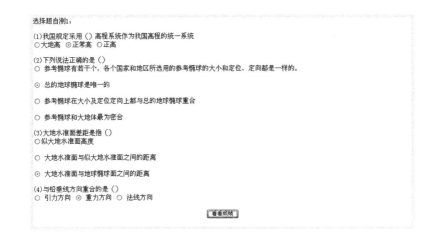

图 8-32 选择题自测 1 界面（全部选对）

当答案全部选对时，出现"恭喜，全部答对了！"和分数 100 分，如图 8-33 所示。

图 8-33 满分界面

当选择的答案如图 8-34 所示时，出现相应的分数以及选错题目的正确答案，如图 8-35 所示。

主要代码为：

```
〈script language="VBScript"〉
    var Total_Question=4 //题目数量
    var msg=""// 正确答案
    var Solution=new Array(Total_Question)
    Solution[0]="正常高"
    Solution[1]="总的地球椭球是唯一的"
```

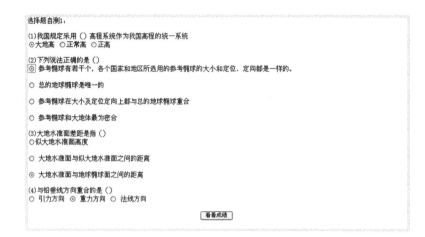

图 8-34　选择题自测 1 界面（未全部选对）

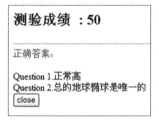

图 8-35　分数界面

Solution[2]＝"大地水准面与地球椭球面之间的距离"

Solution[3]＝"重力方向"

function GetSelectedButton(ButtonGroup)

〈form〉

选择题自测 1：

〈p〉

(1)我国规定采用()高程系统作为我国高程的统一系统

〈br〉

〈input type＝"radio" name＝"q1" value＝"0" checked〉大地高

〈input type＝"radio" name＝"q1" value＝"1"〉正常高

〈input type＝"radio" name＝"q1" value＝"0"〉正高

〈br〉〈br〉〈/form〉

〈form〉

〈p〉(2) 下列说法正确的是()〈br〉

〈input type＝"radio" name＝"q1" value="0" checked〉

参考椭球有若干个,各个国家和地区所选用的参考椭球的大小和定位、定向都是一样的。〈/p〉

〈p〉

〈input type＝"radio" name＝"q1" value="1"〉

总的地球椭球是唯一的〈/p〉

〈p〉

〈input type＝"radio" name＝"q1" value="0"〉

参考椭球在大小及定位定向上都与总的地球椭球重合〈/p〉

〈p〉

〈input type＝"radio" name＝"q1" value="0"〉

参考椭球和大地体最为密合〈br〉〈Br〉〈/p〉

〈/form〉

〈form〉

〈p〉(3) 大地水准面差距是指()〈br〉

〈input type＝"radio" name＝"q1" value="0" checked〉似大地水准面高度〈/p〉

〈p〉

〈input type＝"radio" name＝"q1" value="0"〉大地水准面与似大地水准面之间的距离〈/p〉

〈p〉

〈input type＝"radio" name＝"q1" value="1"〉大地水准面与地球椭球面之间的距离〈br〉〈Br〉〈/p〉

〈/form〉

〈form〉

(4) 与铅垂线方向重合的是()〈br〉

〈input type＝"radio" name＝"q1" value="0" checked〉引力方向

〈input type＝"radio" name＝"q1" value="1"〉重力方向

〈input type＝"radio" name＝"q1" value="0"〉法线方向〈br〉〈Br〉〈/form〉

〈form〉

〈div align＝"center"〉

〈input type＝"button" name＝"Submit" value＝"看看成绩"

onClick＝"Grade()" class＝"pt9"〉〈/div〉

〈/form〉

8.5.4　网上题库

由于题目众多,主要包括填空题、选择题、判断题等,因此增加竖直和水平滚动条,如图 8-36 所示。

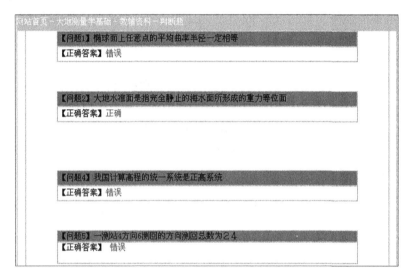

图 8-36　判断题界面

当进行题目更新、修改时,只需要直接改动即可,如图 8-37 所示。

滚动条主要代码为:

〈div style＝'color：#000000；background-color：white；border：green solid 1px；width：760px；height：600px；overflow：scroll；scrollbar-face-color：#ABCDEF；scrollbar-shadow-color：#6666FF；

scrollbar-highlight-color：#CCCCCC；scrollbar-3dlight-color：#6666FF；

scrollbar-darkshadow-color：#6699CC；scrollbar-track-color：#99CCFF；

scrollbar-arrow-color：#99CCFF；'〉

〈/div〉

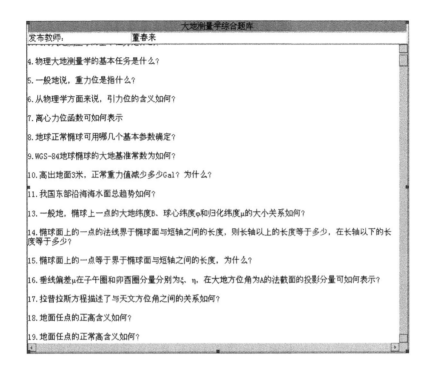

图 8-37 综合题库界面

8.5.5 动态展示

将获奖照片以连续滚动的形式展现出来,示例如图 8-38 所示。
动态展示主要代码为:

```
〈marquee direction="left" TrueSpeed scrollamount="3" scrolldelay="30"
onMouseOver="this.stop();" onMouseOut="this.start();"〉
〈img src="../image/photo/1.jpg" width="400" height="485" /〉
〈img src="../image/photo/2.jpg" width="400" height="485" /〉
〈img src="../image/photo/3.jpg" width="400" height="485" /〉
〈img src="../image/photo/4.jpg" width="400" height="485" /〉
〈img src="../image/photo/5.jpg" width="400" height="485" /〉
〈img src="../image/photo/6.jpg" width="400" height="485" /〉
〈img src="../image/photo/7.jpg" width="400" height="485" /〉
〈img src="../image/photo/8.jpg" width="400" height="485" /〉
〈img src="../image/photo/9.jpg" width="400" height="485" /〉
```

图 8-38　动态展现示例

〈img src＝"../image/photo/10.jpg" width＝"400" height＝"485" /〉
〈img src＝"../image/photo/11.jpg" width＝"400" height＝"485" /〉
〈img src＝"../image/photo/12.jpg" width＝"400" height＝"485" /〉
〈/marquee〉

8.5.6　网上留言簿

8.5.6.1　创建数据表

数据库主要用于保存和管理用户的个人资料和留言数据,在 Access 中创建一个名为 message 的数据库,其中包含 liu 数据表,用来保存留言数据,如图 8-39 所示。

Liu 数据表包括 fName、fQQ、fContent、fTime 4 个字段,分别用来存储留言者的姓名、留言者的 QQ、留言内容以及留言时间。其中留言字段的设置中,默认值为函数 Now(),表示取留言时的当前时间,如图 8-40 所示。

8.5.6.2　书写留言页面

书写留言页面的功能是允许用户输入留言并将其存入数据库中,具体制作方法:选择"插入"—"应用程序对象"—"插入记录"—"插入记录表单向导",出现如图 8-41 所示对话框。

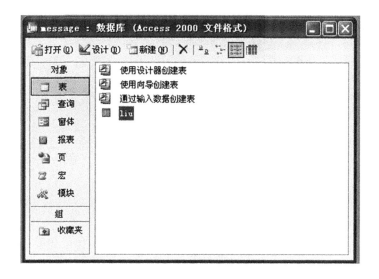

图 8-39　message 数据库

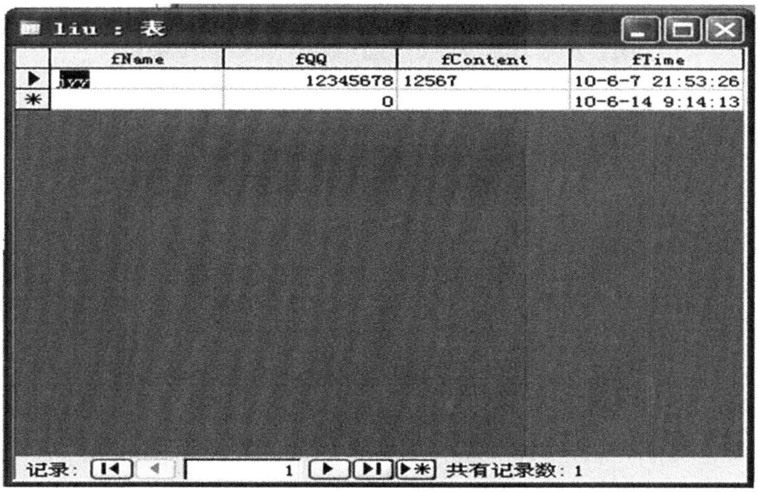

图 8-40　liu 数据表

　　此时未与数据库连接,选择"定义"按钮,选择"新建"按钮,如图 8-42 所示。
　　出现选择数据源名称对话框。选择"定义"按钮,在"系统 DSN"选项卡中选择"添加"按钮,如图 8-43 所示。

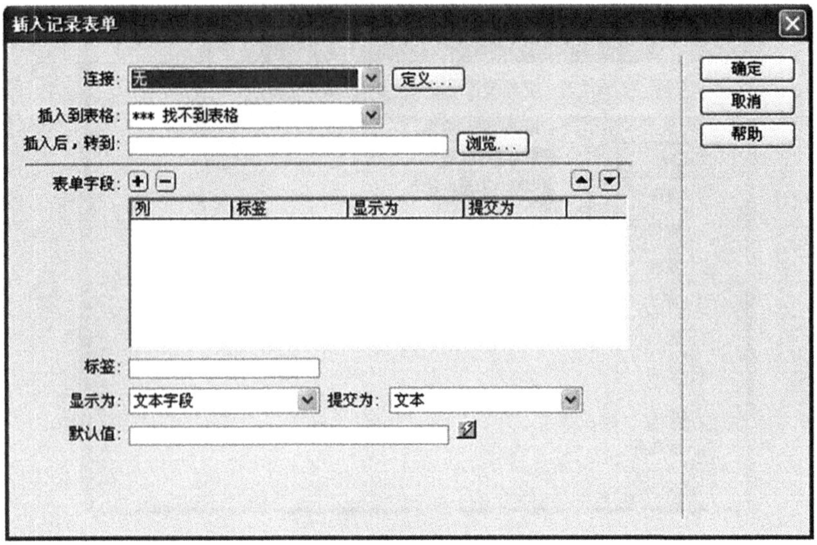

图 8-41　插入记录表单

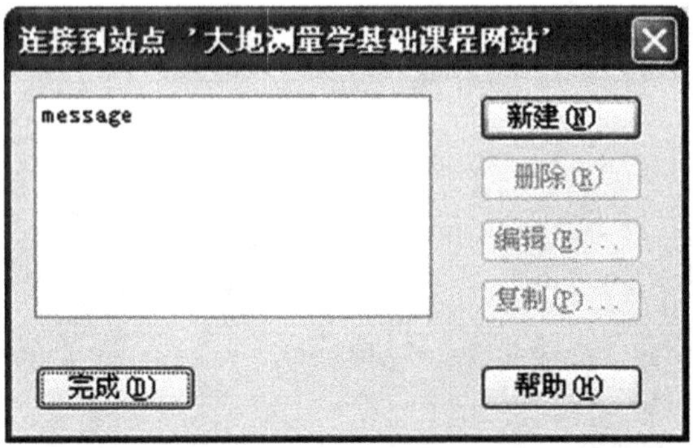

图 8-42　连接到站点

　　选中"message"数据库,点击"确定"按钮,如此时页面已经与 message 数据库建立了连接,这时将各字段与表单中表格相连,同时将标签改为中文,如图 8-44 所示。

　　单击"确定"按钮后,页面中就会自动出现含有相应字段的表格,保存页面,点击 F12 键进行预览,结果如图 8-45 所示。

　　在里面输入内容,点击"插入记录"按钮,内容即被提交到数据库中了,打开

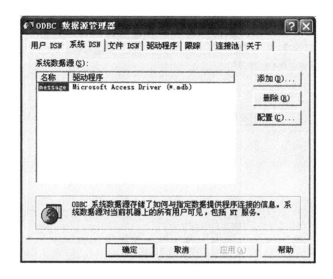

图 8-43 添加数据源

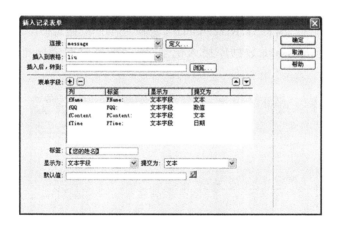

图 8-44 修改表单标签

Access 中 message 数据库中的 liu 表查看，可以看到输入的内容已经被提交到数据库中了，如图 8-46 所示。

8.5.6.3 留言主页面

留言主页面是用来显示所有留言的。留言按照时间的降序排列，以保证最新的留言在最上面。本页制作主要包括定义记录集、绑定数据、查看所有留言等。

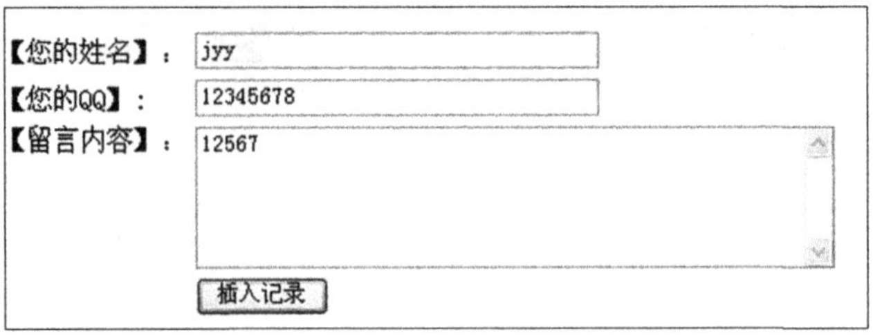

图 8-45　插入记录

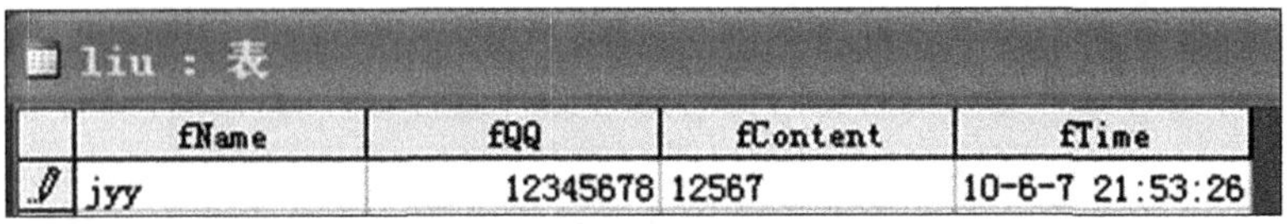

图 8-46　数据库存储了记录

首先定义记录集，选择"窗口"—"绑定"，打开"绑定"面板，选择"记录集"，弹出"记录集"对话框，名称为"Recordset1"，选择"定义"按钮，选中"message"数据库，此时表示为 message 数据库插入记录，顺序按照时间降序排列，如图 8-47 所示。

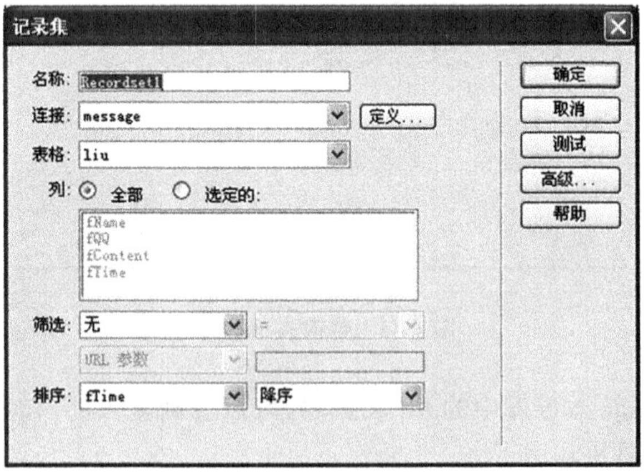

图 8-47　按照时间降序排列

完成后即可在"绑定"面板中看到 message 数据库的记录集 Recordset1，如图 8-48 所示。

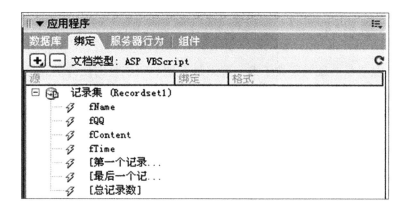

图 8-48   连接成功

然后可以绑定数据,这时需要一个表格来显示留言,选中"绑定"面板下 Recordset1 记录下的 fName、fTime、fContent 分别拖至相应的单元格中完成, 如图 8-49 所示。

留言人	{Recordset1.fName}	留言时间	{Recordset1.fTime}
留言内容			
	{Recordset1.fContent}		
			我要留言

图 8-49   绑定数据

查看所有留言,因为未设置前只显示最新一条留言而看不见之前的留言,因 此需要设置重复区域,选中表格,单击"服务器行为"面板中的"重复区域"命令, 可以设置显示记录的个数,如图 8-50 所示。

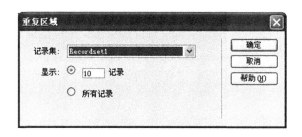

图 8-50   设置重复区域

8.6　本章小结

大地测量学基础网络教学平台可以最大化利用学校的硬件和软件资源，帮助教师更高效地做好教学工作，帮助学生以更轻松更丰富的方式学习好大地测量学基础课程。平台采用 Dreamweaver、ASP、Access 数据库集成开发，通过策划、计划、实施、站点、导航、页面等设计与制作，实现了公告信息、课件下载、网上模拟自测、网上题库、动态展示、网上留言簿等主要功能，满足了师生对于大地测量学基础课程教学资源的需求，促进了学生自主学习、积极学习及创新学习。

大地测量学基础网络教学平台建设与管理是基于 OBE 教育理念，以学生为中心，致力于测绘工程专业工程教育认证和国家级一流专业建设，加强主干课程学习资源建设，以成果导向为出发点，以大纲考核为标准，集中体现了课程教学内容，全面反映了教学目标要求，增强了课程教学的深度与广度，借助现代计算机网络、通信等技术及时而方便地满足测绘师生多种多样的学习需要，优化利用全校各种教育资源，主动实现资源共享，不仅有利于学生全面理解掌握课程教学内容，而且提高了学生自主学习、交流讨论的积极性。

9 课程自主学习管理系统设计与实现

9.1 系统总体设计

本系统开发在搭建完整体框架后,实现具体功能,符合从整体到局部的开发步骤。根据这一思路,系统的总体设计一分为二,即分为系统开发流程和系统程序结构。

9.1.1 系统开发流程

系统开发流程在确定系统需求分析后分别进行数据和功能分析,然后分别完成数据库的建立和功能应用的实现,最后进行系统的调试与完善,便可以完成本系统的开发。大地测量学基础自主学习管理软件的开发流程如图 9-1 所示。

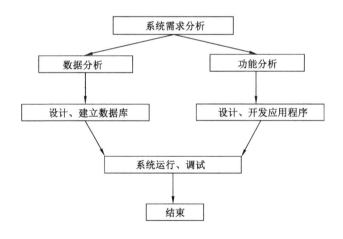

图 9-1　系统开发流程图

9.1.2 系统程序结构

系统程序结构不仅是开发系统的核心,也是帮助系统理解复杂事物的工具,在系统结构下可以直观感受到设计过程,是保证系统简洁、稳定、高效的基础。完整稳定的系统程序结构能够对各种需求进行处理,而保持其高效和稳定。

大地测量学基础自主学习管理系统必须具有良好的体系结构。系统程序结构的设计也是按照由上到下、由整体到局部的原则,对整体结构进行把握就要先进行上层需求的分析,再满足下层需求,即优先保障整个系统和子系统之间的连接无误,再实现下层程序的具体功能。

根据实际的需要,大地测量学基础自主学习管理系统需要实现课程教学依据、教学指导、教学咨询和教学分析的编辑、查询、统计和数据处理等功能,所以本系统的程序设计包括以下具体功能:系统文件管理、教学指导文件管理、教学过程管理、自主学习管理。各个模块的功能都是通过菜单项分别实现,每一个菜单项对应各自的窗口,甚至在菜单打开的窗口下还有该窗口的子窗口,使系统的结构层次分明,有详有略。系统的程序结构如图 9-2 所示。

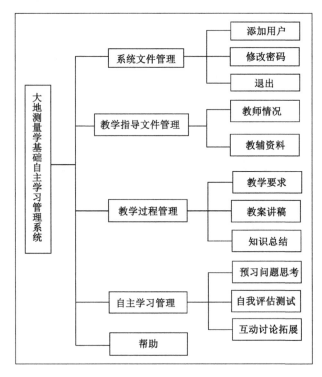

图 9-2　系统程序结构框图

9.2 数据库构建

9.2.1 数据库系统简介

数据库是储存数据电子文件的"电子文件柜",管理员可以在"电子文件柜"中进行数据的处理、更新、删除等操作。之所以使用数据库是因为传统文件存储的效率低下,存储的数据也是小量字符串数据,而且进行数据处理的时候过程烦琐,不利于数据的使用。将数据以特定的规格要求进行打包,便可以存储起来,放进"电子文件柜",数据库的本质便是文件的集合,起到存放数据的仓库的角色作用。随着教育教学开放程度的加深,大量的数据不断产生,学生的个人信息、教学的资料信息等都需要能够满足存储安全、高效处理、高效访问、方便共享的要求。大地测量学基础自主学习管理系统引入数据库,可以满足信息的处置要求,并且还能更加智能地进行分析,产生新的有用信息,如学生在线练习的错误率可体现出知识体系的薄弱环节。

数据库系统则是计算机系统加上数据库后的系统,数据库包含许多数据,同样的数据库系统也包含大量数据库,所以一个完整的数据库系统是由数据库、数据库管理系统、应用开发工具、应用系统、数据库管理员和用户组成的,如图 9-3 所示。

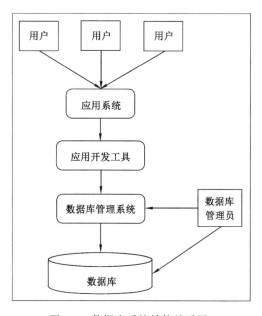

图 9-3 数据库系统结构关系图

用户可以在这样的数据库系统软件上,进行数据的查询、处理、增加、删除等操作。并且因为数据是按照特定规格要求,即 DBMS 规定数据的存储结构,本系统中使用的 MySQL 数据库就是常见的 DBMS,进行打包放进数据库的,这就保证了用户在访问数据库的时候,由数据库管理系统进行统一的管理控制。

9.2.2 数据库结构

数据库系统采用三级模式结构,分别是逻辑设计、内模式和外模式。其中逻辑设计是对系统中数据的模型进行描述,不对具体的数据值进行描述,用标准的 DDL(数据定义语言)定义应用的数据库逻辑结构。客户看到的数据视图就是外模式,因为每个人的需求不同,所以此环节需求分析是必不可少的,不同的需求呈现的数据视图即"户视图"不同。内模式则是一种物理实现,将实际的数据进行索引存储,将逻辑设计转化为具体实施。

数据库管理系统是用来管理数据库的计算机软件,是实现数据库原理的"施工团队":将用户处理的逻辑数据转化为计算机中的物理数据从而进行具体的数据处理,让用户不再顾忌数据在计算机中的具体位置,放心处理这些抽象数据。作为连接操作系统和数据库应用系统的桥梁,数据库管理系统可以称得上是数据库系统的核心。

本项目中建立了 MySQL 数据库的 code,由 2 张数据表构成:use 表和 teachers 表。这样就可以把关系比较固定的二维表放在一个 DBC 中集中起来管理,使得不论是在内部管理上还是对外联系上,数据库的关系结构都不会显得松散。

Use 表中,共有 9 个字段,每个字段的名称分别是 username(用户名)、password(口令或密码)、系统级用户、普通级用户、系统管理、教学指导管理、教学过程管理、学习过程管理、大地测量数据处理。表的关键字为 username。表中,"OK"表示选定了相应的权限。当前,表中共有 5 条记录,如图 9-4 所示。

username	password	系统级用户	普通级用户	系统管理	教学指导管理	教学过程管理	学习过程管理	大地测量数据处理
刘彦芳	123456	OK		OK	OK	OK	OK	OK
liuyanfang	123456		OK	OK			OK	OK
刘彦芳	000000		OK				OK	OK
liuyanfang	000000	OK		OK	OK	OK	OK	OK
a	a		OK					

记录: 1 共有记录数: 5

图 9-4 use 表

在本系统中,还应该建立一个数据表存放大地测量学基础这门课程的主干教师情况,即 teachers 表。该数据表的主关键字是 name。共有 7 个字段,10 条记录,如图 9-5 所示。

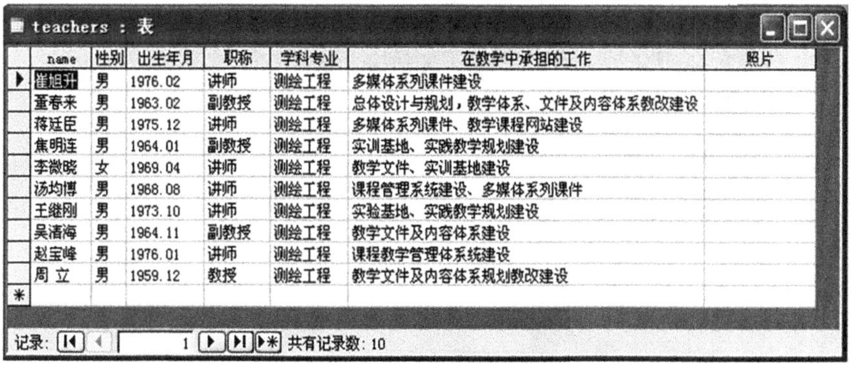

teachers : 表

name	性别	出生年月	职称	学科专业	在教学中承担的工作	照片
崔旭升	男	1976.02	讲师	测绘工程	多媒体系列课件建设	
董春来	男	1963.02	副教授	测绘工程	总体设计与规划，教学体系、文件及内容体系教改建设	
蒋廷臣	男	1975.12	讲师	测绘工程	多媒体系列课件、教学课程网站建设	
焦明连	男	1964.01	副教授	测绘工程	实训基地、实践教学规划建设	
李微晓	女	1969.04	讲师	测绘工程	教学文件、实训基地建设	
汤均博	男	1968.08	讲师	测绘工程	课程管理系统建设、多媒体系列课件	
王继刚	男	1973.10	讲师	测绘工程	实验基地、实践教学规划建设	
吴清海	男	1964.11	副教授	测绘工程	教学文件及内容体系建设	
赵宝峰	男	1976.01	讲师	测绘工程	课程教学管理体系统建设	
周 立	男	1959.12	教授	测绘工程	教学文件及内容体系规划教改建设	

记录: 1 共有记录数: 10

图 9-5　teachers 表

9.3　系统界面应用设计

系统最终使用了 MySQL 数据库和 Redis 数据库连接池,搭建好数据库后便进入本系统功能的具体实现阶段,从分析和设计开始,在系统界面、系统结构选择和系统各个功能上进行具体实现。

9.3.1　系统登录

登录流程就是当用户点击“登录”时,会将用户名和密码传至后台,后台得到数据之后,再与数据库中的数据进行验证,成功后,返回登录成功的信息。用户的信息将保存在 Session 中,以便和服务器进行交互。

网站判断当前是否有用户登录,如图 9-6 所示。首先,通过 Session.getAttribute 语句判断当前 Session 是否为空,若是,则表示当前没有用户登录的状态,然后利用转发技术到登录界面让用户进行登录,用户输入信息后,通过 UserMapper.xml 文件的 Select 语句与数据库进行交互来最终判断用户是否输入错误。

实现主要代码为:

```
/ * *
 * 用户登录
 * /
@ResponseBody
@PostMapping("/login")
public Map<String,Object> login(User user, HttpSession session){
```

图 9-6　系统登录图

Map⟨String,Object⟩ map＝new HashMap⟨⟩()；

if(StringUtil.isEmpty(user.getUserName())){

　　map. put("success"., false)；

　　map.put("errorlnfo","请输入用户名!")；

}else if(StringUtil.isEmpty(user.getPassword())){

　　map.put("success",false)；

　　map.put("errorinfo","请输入密码!")；

}else(

　　Subject subject＝SecurityUtils.getSubject()；

　　UsernamePasswordToken　token ＝ new　UsernamePasswordToken(user. getUserName ( ), CryptographyUtil. md5 (user. getPassword ( ), CryptographyUtil.SALT))；try {

　　　　subject. login (token)；//登录验证

　　　　String userName＝(String) SecurityUtils.getSubject().get-Principal()；

　　　　User　currentuser ＝ userService. findByUserName (user-Name)；

　　　　if (currentUser.isOff()) {

　　　　　　map.put("success", false)；

```
map.put("errorlnfo","该用户已封禁,请联系管理员!");
    subject.logout();
} else {
    currentuser.setLatelyLoginTime(new Date());
    userService.save(currentUser);
```

9.3.2　用户注册

注册界面如图 9-7 所示。首先,用户在前端页面输入自己的信息,如用户名、密码、昵称、邮箱等,用户点击"注册"时,系统将会封装这些数据,将其提交到 service 层,service 层调用 dao 层,最终与数据库交互,将用户的信息添加到数据库表中,然后再返回到用户信息,注册成功。

图 9-7　用户注册界面

实现主要代码为:

```
* 用户注册
*/
@ResponseBody
@PostMapping("/register")
public Map⟨String,Object⟩ register(@Valid User user, BindingResult
bindingResult){ Map⟨String,Object⟩ map = new HashMap⟨⟩();
    if(bindingResult.hasErrors()){
        map.put("success",false);
        map.put("errorlnfo",bindingResult.getFieldError().getDefault-
Message());
    }else if(userService.findByUserName(user.getUserName())! =null){
```

```
        map.put("success",false);
        map.put("errorinfo","户名已存在,请更换!");
    }else if(userService.findByEmail(user.getEmail())! =null){
        map.put("success",false);
        map.put("errorinfo","邮箱已存在,请更换!");
    }else{
        user.setPassword(CryptographyUtil.md5(user.getPassword(),
CryptographyUtil.SALT));
        user.setRegistrationDate(new Date());
        user.setLatelyLoginTime(new Date());
        user.setHeadPortrait("tou.jpg");
        userService.save(user);
        map.put("success",true);
    }
    return map;
```

9.3.3 主界面设计

应用程序的主界面是整个应用程序中最关键的部分,因为首页对于系统就是一个门面,网站的大量信息都会在首页进行展示。其实现就是获取数据库中的分类列表,当点击相应的选项时,会跳转到相应的实现界面,为首页进行服务。前端首页访问地址为“localhost:2222”,系统首页界面如图 9-8 所示。

图 9-8　系统首页图

9.3.4　在线编辑设计

由于教师上传文档的复杂性，所以本系统实现了基于在线编辑的功能，支持文字、图片以及图表的上传，符合当前教师的所有工作需求。其基本实现就是在页面添加 Form 表单，并对 Form 表单进行样式的添加，当用户输入完作业信息后，提交到后台，后台将这些数据解析调用 dao 存入数据库中，至此，管理员看到这次提交的信息后进行审核。老师发布作业界面如图 9-9 所示。

图 9-9　在线发布新作业图

主要实现代码为：
* 进入作业发布页面
*/
@GetMapping("toAddArticle")
public String toAddArticle() { return "user/addArticle"; }

/ * *
* 添加或修改作业
*/
@ResponseBody
@PostMapping("/saveArticle")
public Map〈String，Object〉 saveArticle（Article article，HttpSession session）throws 10Exception { Map〈String，Object〉 resultMap = new HashMap〈〉()；

```
if(article.getPoints()<0||article.getPoints()>10){
    resultMap.put("success",false);
    resultMap.put("erroInfo","积分超出正常区间!");
    return resultMap;
}
if (! CheckShareLinkEnablelltil.c/)ecfe(article.getDownload())){
    resultMap. put("success",false);
    resultMap.put("erroInfo","百度云分享链接已经失效,请重新
发布!");
    return resultMap;
}
User currentUser=(User)session.getAttribute(Consts.CURRENT_USER);
if (article. getArticleId()==null){          //添加作业
    article.setPublishDate(new Date());
    article.setllser(currentUser);
    if(article.getPoints()==0){          //积分为 0 时,设置为免费作业
        article.setFree(true):/
```

9.4　功能设计与实现

9.4.1　系统管理

9.4.1.1　用户管理

用户管理模块是只有管理员才有的权限,是为了更方便地管理用户,也是为了维护系统安全与稳定性而设计的功能模块,如图 9-10 所示为用户管理界面。

在整个系统的运行中,难免会出现一些用户处理不了的问题以及对本系统进行的攻击,管理员就要对本系统的所有用户进行管理,对于不友好的用户直接进行删除,不让其再次登录本系统。

主要实现代码为:

```
public class |UserAdminController (
    @Autowired private UserService userService;


    / * *
    * 根据条件分页查询用户信息
    * /
```

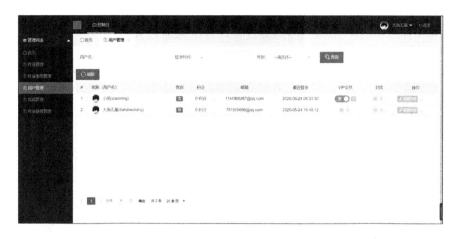

图 9-10　用户管理界面

@ResponseBody

@RequestMapping(value="/list")

public Map〈String,Object〉list(User s_user,@RequestParam(value="latelyLoginTimes",required = false)String latelyLoginTimes,@RequestParam(value="page",required=false)Integer page,@RequestParam(value="pageSize",required=false)Integer pageSize)

　　String s_blatelyLoginTime=null;　　//开始时间

　　String s_elatelyLoginTime=null;　　//结束时间

　　if(StringUtil.isNotEmpty(latelyLoginTimes)){

　　　　String[] strs=latelyLoginTimes.split(regex:"-");　//拆分时间段

　　　　s_blatelyLoginTime=strs[0];

　　　　s_elatelyLoginTime=strs[1];

　　}

　　Map〈String,Object〉map=new HashMap〈〉();

　　map.put("data",userService.list(s_user.s_blatelyLoginTime.s_elatelyLoginTime.page,pageSize, Sort.Direction.DESC))

　　map.put("total",userService.getCount(s_user.s_blatelyLoginTime.s_elatelyLoginTime));

　　map.put("errorNo",0);

　　return map;

9.4.1.2 修改密码

不论是普通用户还是管理员都可以进行密码的修改,大致流程就是输入旧密码和新密码,当用户点击提交时,系统后台会将原密码拿到数据库进行比对,若原密码比对成功,则密码修改成功,若原密码比对错误,则密码修改失败,如图 9-11 所示。

图 9-11 修改密码窗体界面

主要实现代码为:

* 管理员自己的修改密码

*/

@ResponseBody

@RequiresPermissions(value="修改管理员密码")

@PostMapping("/modifyPassword")

public Map⟨String,Object⟩ modifyPassword(String oldPassword, String newPassword, HttpSession session){ User user=(User) session.getAttribute(Consts.CURRENT_USER);

Map⟨String,Object⟩ map=new HashMap⟨⟩();

if(! user.getPassword().equals(CryptographyUtil.mc/5(oldPassword, CryptographyUtil.SALT))){ map.put("success",false);

map.put("errorInfo","原密码错误!");

return map;

```
}
```

User oldUser＝userService.getByld(user.getUserld());

oldUser. setPassword（CryptographyUtil. mc/5（newPassword，Cryptog-raphyUtil.SALT））；userService.save(oldUser);

map.put("success",true);

return map;

执行完修改密码的操作,打开 use 表,就会看到修改的结果(加密过后的值),如图 9-12 所示。

图 9-12　修改用户密码后的 use 表

9.4.1.3　退出

系统之所以知道一个用户是否登录,主要是通过判断当前 Session 是否为空,若为空,则无人在线,若不为空,则说明现在有用户在线 Session.invalidate(),这个会使整个客户端对应的 Session 失效,里面的所有用户都会被清空,同时也释放了资源。

通过 Session. removeAttribute 方法删除的是传递的对象,不会让整个 Session失效。退出效果如图 9-13 所示。

主要实现代码为:

```
/ * *
 * 安全退出
 * /
@GetMapping("/logout") @RequiresPermissions（value＝"安全退出"）
public String logout(){
SecurityUtils.getSubject().logout();return"redirect:/admin/login,html";}
```

图 9-13　退出功能图

9.4.2　教学指导管理

　　在首页中，有不同的小分类，通过 ArticleService 来调用 dao，针对分类的数据库进行调用，将数据库中的分类列表展示到前台，并且在相应的分类下展示资料内容，如教辅资料界面如图 9-14 所示。

图 9-14　教辅资料界面

9.4.3   教学过程管理

9.4.3.1   课程指导要求

在首页中,有不同的小分类,通过 ArticleService 来调用 dao,针对分类的数据库进行调用,将数据库中的分类列表展示到前台,并且在相应的分类下展示资料内容,如教学大纲要求如图 9-15 所示。

图 9-15   教学大纲要求界面

9.4.3.2   实践指导要求

课程讲稿的主窗体名称为 FrmG3.frm,如图 9-16 所示。

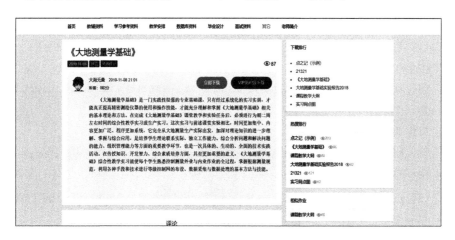

图 9-16   实践指导要求界面

Java 中提供了与多媒体课件相类似的控件:Show 控件。它可以很方便地添加到系统中来,实现对多媒体讲稿的查阅功能。

　　添加 Show 控件的方法是：在"工程"菜单中选择"部件"项，在打开的对话框中"可插入对象"选项卡上选中☑Microsoft PowerPoint 演示文稿。程序运行后，鼠标双击 Show 控件即可浏览幻灯片。

　　结合课堂教学的实际，每一章节都有很多不同的内容，而且各个章节里又有需要着重讲述、重点学习以加深理解的部分，只用一级窗体是远远不能完成的。因此，FrmG3.frm 作为这一级主窗体，下面设置了 8 个次一级子窗体，用 8 个 Option 选择按钮的单击事件 Click() 来调出次一级子窗体。

　　主要实现代码为：

@Autowired private Messageservice messageService；

@Value("＄{imgFilePath}")

private String imgFilePath；//图片上传路径

```
/ * *
 * 首页
@RequestMapping("/")
public ModelAndView index(){
    ModelAndView mav＝new ModelAndView()；
    mav.setViewName("index")；
//类型的 html 代码
    List arcTypleList ＝ arcTypeService. listAll(Sort. Direction. ASC,…
properties："sort")；
    mav. addObject(attributeName："arcTypeStr", HTMLUtil. getArc-
TypeStr( type："all",arcTypleList))；
//作业列表
    Map〈String,Object〉map＝articleservice.list( type："all", page：1,
Consts.PAGE_SIZE)；
    mav.addObject( attributeName："articleList",map.get("data"))；
//分页 htmL 代码
    mav. addObject( attributeName："pageStr", HTMLUtil. getPagation
(targetUrl："/article/all", Integer. parseInt (String. vaLueOf ( map. get ( "count")))
return mav；
    }
```

9.4.4　自主学习管理

　　系统是基于 Web 开发的自主学习管理系统,有助于不同学生在不同时刻根据需求进行自主学习,同时为了更好地体现自主学习的功能,系统在有助于学生更好管理学习文档等功能外也方便在教师后台管理中发布预习问题思考,其界面如图 9-17 所示,进行自我评估测试以及同学们留言与教师答疑解惑等功能更能体现系统的自主学习。其中,预习问题思考是基于后台的在线编辑功能,由教师在线发布下一节课的问题,支持文字、图片以及图表的上传,符合当前教师的所有工作需求。

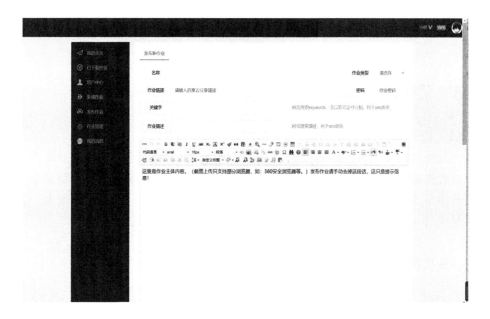

图 9-17　发布预习问题思考

　　在线评估测试是教师发布在线题库后,学生进行答题,教师及时做出答案反馈,有助于学生进一步知道自己的问题,从而改正。发布在线题库如图 9-18 所示,学生在线留言如图 9-19 所示,教师可以即时看到学生的在线反馈,也可以在线进行回复,进行有效沟通。

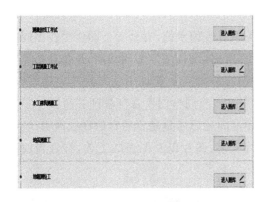

图 9-18　在线题库发布　　　　图 9-19　在线留言

9.5　系统调试与编译

9.5.1　程序调试

在所有的系统开发研究过程中,一个系统要上线运营,系统测试是必要的一个过程性阶段。其能够保障软件的质量,保障系统的正常运行。系统测试除了要找出系统的 BUG 外,还要进一步分析 BUG 出现的原因,以便更好地由开发人员进行系统改善。本系统将会在每个功能方面进行测试。

9.5.1.1　注册模块的功能测试

注册模块的功能测试过程与结果如表 9-1 所列。

表 9-1　测试注册功能

测试内容	测试用户能否正常注册
	1. 用户进入注册界面
测试步骤	2. 输入用户名、密码、昵称、邮箱
	3. 注册
实际结果	正常注册
测试结论	测试通过

若要测试注册功能,首先要测试手机验证码是否发送。本系统测试采用 PostMan 工具,通过 http://localhost:2222 发送请求,如图 9-20 所示。可以看到,返回来 200 标识,表明测试成功。

图 9-20　测试成功界面

9.5.1.2　登录模块的功能测试

登录模块的功能测试过程与结果如表 9-2 所列。

表 9-2　测试登录功能

测试内容	测试用户能否正常登录
测试步骤	1. 用户进入登录界面
	2. 输入用户名、密码
实际结果	正常登录
测试结论	测试通过

登录功能测试结果如图 9-21 所示，可以看到，返回来 200 标识，表明测试成功。

图 9-21　测试成功窗体

9.5.2　程序编译

Spring Framework 内部使用一种工厂加载机制（Factory Loading

Mechanism）。这种机制使用 SpringFactoriesLoader 完成。SpringFactoriesLoader 使用 loadFactories 方法加载并实例化从 META-INF 目录里的 spring.factories 文件出来的工厂，这些 spring.factories 文件都是从 classpath 里的 jar 包里找出来的。

9.6　本章小结

大地测量学基础课程自主学习与管理系统基于 Web 用 Java 语言进行开发，开展一流课程建设要求和课程教与学的需求分析，咨询了众多测绘专业师生的建议，确定了整体开发的思路和目标，采用面向对象的模块化分解方法，遵循模块间低耦合与模块内高内聚的原则，关联运用 Java 语言，结合 dao 访问技术，开发了各功能模块，基本完成了课程自主学习系统的管理维护、教学过程管理及学习过程管理等子项的编程开发任务，实现了在线发布作业、预习思考、考核测试等自主学习工作。

大地测量学基础课程自主学习与管理系统是基于 OBE 教育理念，以学生为中心，致力于测绘工程专业工程教育认证和国家级一流专业建设，加强主干课程学习资源建设，以成果导向为出发点，以毕业要求为指导，作为课程教学模式的补充，建立课程学习资源网络平台，使学生自主安排学习时间和学习进度，根据自身实际情况利用网络自主学习资源、网络练习和测试、交流和辅导答疑平台进行自主学习的教学模式，能激发学生自主学习的热情，增强师生互动交流，学习探讨课程目标、重点内容及方法措施，培养学生自学能力与终身学习意识，提高课程教学目标的达成度。

参 考 文 献

[1] 崔绒花.基于 ASP.NET 技术的网络教学平台的设计与实现[J].新课程研究 (中旬刊),2009(总 168):166-167.

[2] 董春来,陈思,焦明连,等.大地测量学基础课实验教学模拟系统的设计与实现[J].淮海工学院学报(自然科学版),2014,23(4):49-53.

[3] 董春来,焦明连,周立,等."大地测量学基础"课程教学改革的实践[J].测绘工程,2006,15(6):73-76.

[4] 董春来,刘彦芳,焦明连,等."大地测量学基础"教学管理系统的设计与实现[J].测绘通报,2010(9):73-76.

[5] 付君,张泳,肖争鸣.工程教育认证标准下土木工程测量实习成绩精细化考核[J].高等建筑教育,2018,27(2):98-102.

[6] 孔祥元,郭际明,刘宗泉.大地测量学基础[M].2 版.武汉:武汉大学出版社,2010.

[7] 李志义.对我国工程教育专业认证十年的回顾与反思之一:我们应该坚持和强化什么[J].中国大学教学,2016(11):10-16.

[8] 李志义."水课"与"金课"之我见[J].中国大学教学,2018(12):24-29.

[9] 林楠,张文春,李伟东,等.基于工程教育认证的测绘工程专业课程目标达成度评价方法研究与实践[J].测绘与空间地理信息,2020,43(4):7-10.

[10] 刘春茂,李琪.C 语言程序设计案例课堂[M].北京:清华大学出版社,2018.

[11] 刘军,王秋玲,王鹤.大地测量学课程辅助教学系统设计与开发[J].测绘地理信息,2019,44(5):110-112.

[12] 刘乐晨.工程教育专业认证背景下工程人才核心能力研究[D].哈尔滨:哈尔滨理工大学,2018.

[13] 邱玉江,冯庆东.工程教育专业认证背景下的理论力学课程教学探析[J].齐齐哈尔师范高等专科学校学报,2019(6):136-138.

[14] 王显清.基于 OBE 的地方工科院校人才培养模式研究[D].哈尔滨:哈尔滨理工大学,2019.

[15] 王晓芳,刘鸥,荆山,等.基于工程教育专业认证的 JSP 应用程序设计课程

改革[J].计算机教育,2019(12):46-50.

[16] 王宇.试题库管理系统的设计与实现[D].南京:南京理工大学,2018.

[17] 谢生龙,杨战海,徐雪丽.工程教育专业认证背景下数据库管理系统类课程的教学改革与探索[J].延安大学学报(自然科学版),2019,38(4):42-45.

[18] 闫涛.WEB 下的试卷库系统与网络在线考试系统的实现[J].科技视界,2016(3):145,173.

[19] 余久久.基于 MOOC 的"软件工程"自主学习系统的设计与实现[J].西昌学院学报(自然科学版),2016,30(4):39-44.

[20] 袁伯恺.基于 OBE 理论的工科学生工程实践能力提升研究:以湖北省属院校为例[D].武汉:武汉工程大学,2016.

[21] 苑秀丽.基于工程教育认证标准计算机类学生能力达成度评价系统研究与实践[D].沈阳:沈阳师范大学,2019.

[22] 曾青松,魏斌.基于开源社会网络软件的自主学习系统的设计与实现[J].福建电脑,2016(11):61-62.

[23] 张鑫.工程测量实习内容设计及其管理评价系统研制[D].成都:西南交通大学,2014.